최준식 교수의
서울문화지

IV

서西북촌
이야기

최준식 지음

최준식 교수의
서울문화지

IV

서西북촌 이야기

이야기

下

최준식 지음

주류성

목차

저자 서문 ·· 6

서西 북촌 답사를 시작하며 ································ 11
지금의 북촌을 만든 정세권

윤보선 길 안으로 들어가며 ······························ 23
여기 있는 종로경찰서가 그 경찰서?
한국 근대 불교의 산실, 선학원 앞에서

북촌의 유일한 전통 사대부 집, 윤보선 가옥과 그 주변에서 40
윤보선 가옥의 내력
윤보선은 누구?
윤보선 가옥의 주요 건물에 관해
양반들이 세운 교회를 둘러보며
윤보선을 감시하는 건물이 이곳에? – 명문당 출판사 앞에서
지붕 위에 웬 한옥이?

근대 일제기의 한옥을 찾아서 - 백인제 가옥 ·············· 82
백인제 가옥 대문 앞에서
백인제 가옥은 융합 가옥?
사랑채 앞에서
별당(채) 이야기
안채 안에서

북촌한옥길 언저리를 돌아보며 ···································· 121

북촌의 랜드 마크이었던 돈미 약국

북촌에서 가장 경치 좋은 곳, 혹은 핫 스팟으로

북촌한옥길에서 – 몇몇 집을 돌아보며

꼭두랑 한옥 등

미국인 마크 테토가 사는 한옥

이명박 전 대통령이 잠시 기거했다는 취운정

북촌의 근대 가옥 돌아보기 ···································· 143

북촌의 높은 중심, 이준구 가옥에서

윤치호의 동생, 윤치왕의 집 앞에서

북촌로를 따라 내려오면서 – 김형태 가옥 앞에서

북촌로에 연해 있는 현대 건축물들 ···································· 169

한옥과 양옥이 어깨동무?

진정한 한옥을 지으려고 시도하다!

한옥은 손으로 만들어야 제 맛이 난다!

성당 세부를 들여다보며

답사를 마무리하며 ···································· 186

저자 서문

이번 책까지 해서 북촌 답사가 마무리됐다. 북촌이라는 한 지역에 대해 세 권씩이나 쓸 줄 몰랐는데 쓰다 보니 이렇게 됐다. 그만큼 북촌은 많은 이야기를 지니고 있었고 그 당연한 결과로 볼 것이 많았다. 그런 까닭에 북촌을 한 덩어리로 보지 못하고 동東 북촌과 서西 북촌, 두 지역으로 나누어 보았다. 그렇게 했는데도 서 북촌은 한 권에 담지 못하고 이처럼 상하 두 권으로 나누어 냈다. 한 권으로 일목요연하게 냈으면 독자들이 훨씬 더 이해하기 쉬웠을 텐데 3권이나 되니 공연한 혼란이 생기지 않을까 두렵다. 이렇게 세 권의 책을 내니 내 딴에는 원 없이 쓴 것 같은데 다시 살펴보니 오류나 미진한 게 한두 가지가 아니었다. 이런 것을 개선하는 것은 후일을 기약해야겠다.

처음에 나는 서울에서 가장 역사와 문화가 깊은 곳을 답사하겠다고 하면서 이 기행을 시작했다. 현재 시점에서 익선동과 북촌, 그리고 종묘(『종묘대제』 참고)까지 답사를 마쳤다. 이제 남은 것은 경복궁과 창덕궁, 그리고 서촌이다. 이렇게 보면 현재 전체 답사의 반 정도를 소화한 셈이다.

권 수로 따지면 이미 다섯 권을 낸 것인데 원고를 시작할 때마다 이 많은 유적들에 대해 제대로 쓸 수 있을까 하는 의구심이 들었던 기억이 난다. 그러나 유적을 하나씩 설명하다 보면 이전에 미처 알지 못했던 것들을 새로이 알게 되어 그 맛에 젖어 계속 집필을 했다. 그렇게 차근차근 나아가니 분명히 끝이 보였다. 일차 원고 집필을 마치면 두 번 정도 수정하는 작업을 거친다. 다 쓴 원고를 고치는 것도 쉬운 일이 아니다. 차라리 새로 쓰는 게 나을 거라는 생각이 든 게 한두 번이 아니다. 그래서 수정 작업을 할 때에는 매번 유투브 영상 등을 보는 등 수십 분가량 딴 짓을 하고 마음을 가다듬은 다음에 임할 수 있었다.

이 수정 작업이 다 되었다고 출간 준비가 끝난 것이 아니다. 사진을 삽입해야 하기 때문이다. 사진을 생각하면 지금도 머리가 지끈거린다. 좋은 사진 찾기도 힘들고 그것들을 적재적소(適材適所)에 넣기도 힘들기 때문이다. 그러나 답사기에 사진이 들어가지 않는다는 것은 어불성설이라 자신을 달래며 사진을 찾는다. 이 작업도 원고 쓰는 일

만큼 되다. 또 두세 번의 교정에서 사진이 제 자리에 들어갔는지, 사진 설명은 제대로 됐는지 꼼꼼하게 살펴야 한다. 그렇게 하다보면 네 번 정도는 원고를 고치는 것 같다. 공연히 푸념이 길어졌는데 이 답사 책들이 작은 책처럼 보이지만 이처럼 나름의 고된 과정을 거쳐 나온다는 것을 말하려다 본의 아니게 길어졌다. 그러나 독자들은 결과물에만 관심이 있지 그 과정에는 별 관심이 없을 터이니 공연한 말을 한 느낌이다.

이번에도 감사드릴 분들이 많다. 물론 주류성출판사가 그 첫 번째다. 최병식 사장을 위시해 편집에 참여한 모든 분께 감사드린다. 또 이번에도 사진을 선정하는 데에 제자이자 동료인 송혜나 교수의 도움이 컸다. 특히 이전에 찍은 사진을 찾아주어 고맙다. 예를 들면, 윤보선 가 앞에 있는 명문당 건물은 근자에 완전 개비(改備)하는 바람에 이전의 독특한 모습이 사라졌다. 이 건물의 과거 사진 등을 송교수가 찾아준 것이다. 그런가 하면 이번에도 내 원고를 꼼꼼히 읽어주고 오류를 찾아내준 제자 이진아 씨에게도 감사드린다. 몇몇 항목에서 그가 잘못을 지적해주지 않았으면 독자들의 호된 질정(叱正)을 받을 뻔 했다.

　내 작은 바람이 있다면 북촌을 다니다 내 책을 들고 답사하는 사람을 발견하는 것이다. 그런 이를 만나면 만사 다 젖히고 안내해주고 싶은 마음이다. 그런 일을 당한다면 책을 낸 사람으로서 실로 큰 기쁨을 맛볼 것이다. 그러나 그 바람은 지나친 욕심일 것이다. 마지막으로 이 책이 북촌을 드나드는 분들께 작은 안내서 역할을 했으면 하는 바람으로 서문을 마쳐야겠다.

2019년 초여름에
지은이 삼가 씀

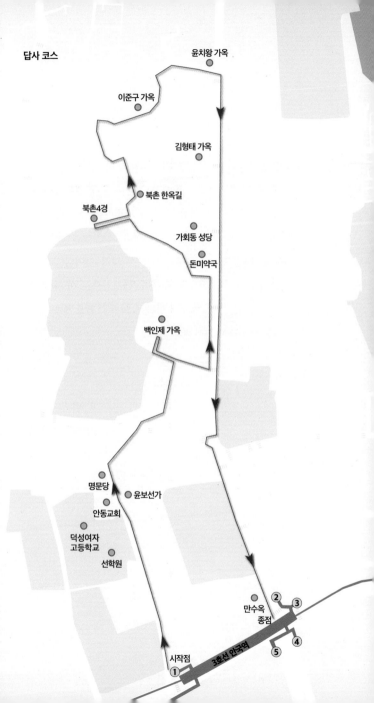

답사 코스

윤치왕 가옥

이준구 가옥

김형태 가옥

북촌 한옥길

북촌4경

가회동 성당

돈미약국

백인제 가옥

명문당

윤보선가

안동교회

덕성여자
고등학교

선학원

만수옥

종점

시작점

3호선 안국역

①

②

③

④

⑤

서西 북촌 답사를 시작하며

이 책은 북촌에 대한 세 번째 책으로 마지막 책이 되겠다. 북촌에 대해 쓰려고 했을 때 지금처럼 3권이나 쓸 줄 몰랐다. 특히 이 서쪽 북촌을 2권으로 나누어 쓰리라고는 예상하지 못했다. 그런데 이 지역에 대해 쓰다 보니 이곳을 한 권에 담는 것이 불가능하다는 것을 알게 되었다. 이 지역에 대해 할 이야기가 그만큼 많았던 것이다. 원래 북촌 답사는 이번 코스가 원조 격에 해당한다. 이전에 북촌 답사를 떠나면 주로 이번에 가는 코스로 다녔기 때문이다. 이 코스로 가야 북촌에 사대부 가옥으로는 유일하게 남아 있는 윤보선 고택을 만날 수 있고 북촌의 중심길인 '북촌한옥길'을 갈 수 있어 이 길로 다닌 것이다. 그러니까 이 지역은 북촌 전체에서 핵이라 할 수 있겠다. 따라서 만일 북촌에 처음 오는 사람이 있다면 이 코스부터 답사하는 게 좋겠다는 생각이다.

이 코스로 갈 때 집결지는 안국역 1번 출입구다. 그런데 그곳은 사람들이 많이 다니는 인도라 복잡하기 때문에 골목 안으로 들어가서 우선 북촌에 대해 간단한 설명을 해준다. 이 주제에 대해서는 앞 책에서 많이 설명했으니 여기서 다시 장황하게 언급할 필요 없겠다. 그러나 앞의 책을 보지 못한 독자들을 위해 아주 간단하게 설명했으면 한다. 앞의 책을 읽은 사람이라도 다시 한 번 보면 좋은 복습이 될 게다.

이 북촌이라는 지역을 한 마디로 정의하면 무엇이라고 할 수 있을까? 그러니까 누가 나에게 북촌이 어떤 곳이냐고 묻는다면 어떻게 대답하는 것이 가장 좋겠느냐는 것이다. 이럴 때에는 가장 간단하게 답해주는 것이 최고다. 그래야 상대방의 머리에 쏙 박힌다. 요즘처럼 정보가 해일이 난 시대에는 무엇이든 가장 간단하게 전해주는 게 제일이다. 북촌을 한 마디로 정의하면 '한국에서 한옥이 가장 많은 지역'이라는 것이다. 어림잡아 천 채 이상의 한옥이 있다고 하니 한옥이 엄청나게 많은 것이다. 한옥이 그렇게 많으니 영역도 대단히 넓다. 전국에 이렇게 많은 한옥들이 밀집되어 있는 곳은 없다. 한국에서 한옥 집결지로 이 북촌에 버금가는 곳은 전주한옥마을일 터인데 그곳 역시 북촌보다는 한옥의 숫자가 훨씬 적다.

이 지역에 이렇게 한옥이 많게 된 원인은 무엇일까? 잘 알려진 대로 이 지역은 조선 시대 때 관리들이 많이 살던 곳이다. 이 관리들은 관청에서 일하던 공무원인 셈이다. 그럼 현재 우리가 이곳에서 발견하는 집들은 그들이 살던 집일까? 잘못 생각하면 그 관리들의 집이 아직도 남아 있

서북촌 전경

을 것이라고 생각하기 쉬운데 그것은 사실이 아니다. 사실이 아닌 정도가 아니라 사실에서 아주 멀다. 지금 이곳에 남아 있는 집 가운데 조선의 관리가 살던 집은 딱 1채밖에 없다. 사람들에게 이렇게 말하면 대부분 크게 놀란다. 이 지역이 한옥마을이라 불리니 당연히 옛날, 그것도 조선조 때 지은 집이 많을 것이라고 예상했는데 그런 집이 딱 하나밖에 없다고 하니 놀라지 않을 수 없는 것이다. 그 집은 우리가 곧 보게 될 윤보선 가옥이다. 그 외에 대부분의 한옥은 중소형의 작은 것이고 조선의 관리들과 아무 관계 없는 집들이다. 그런데 이곳에는 이런 집 외에 우리의 주목을 끄는 집이 또 있다. 이 집들은 조선의 관리가 살던 집도

서북촌 전경

아니고 중소형 한옥도 아니다. 이 집은 일제기에 관직 등에 있었던 사람들의 집으로 지금은 단 3채만이 남아 있다. 각각 백인제 가옥과 윤치왕 가옥과 김형태 가옥이 그것인데 특히 앞의 두 집은 규모가 상당해 저택이라고 해도 문제 없을 정도다. 우리는 이 집들도 들릴 터이니 자세한 이야기는 그때 하면 되겠다.

지금의 북촌을 만든 정세권   이렇게 보면 이곳에 있는 큰 집은 대체로 이 4채 정도이고 나머지 집들은 대부분 작은 한옥이다. 그러면 이 중소형 한옥들은 언제 어떻게 생겨난 것일까? 이에 대해서는 앞 권에서 충분히 설명했다. 그러나 이것은 중요한 사안이라 다시 힘주어 강조할 필요가 있다. 짧게 말해서, 지금 이곳에 있는 중소형 한옥들은 대부분 1930년대에 정세권이라는 건설업자가 보급형 한옥으로 지은 것이다. 이 집들은 부자가 아닌 사람들을 위해 만들었기 때문에 큰 것이 별로 없다. 그래서 이 지역에 큰 한옥은 별로 없고 작은 한옥만 있게 된 것이다. 일이 이렇게 된 데에는 어떤 연유가 있었을까? 이 정세권이라는 분에 대해서는 앞의 책에서 상세히 밝혔지만 이 분은 그가 이룩한 업적에 비해 아직도 제대로 알려져 있지 않아 아주 간단하게 다시 언급해야겠다.

정세권이 이 지역에 이런 한옥 마을을 세우게 된 배경을 역사적으로 추론해보면 다음과 같다. 조선이 망하자 이 북촌 지역에 살던 양반 관리들은 이곳에 살 이유가 없어졌다. 자신이 봉사하던 조선 정부가 망했으니 자리를 잃은 것이다. 그러니 그들은 이곳을 떠나 고향으로 돌아가고 싶었을 것이다. 그러던 차에 일본인들이 서울(경성)에 많아지면서 그들의 주거지가 종로를 넘어 이 북촌 지역으로 들어오기 시작했다. 이것을 본 정세권은 이 일본인들의 틈입(闖入)을 막기 위해 이 지역에 한옥 단지를 만들 계획을 세운다. 마침 당시 서울에는 지방에서 조선인들도 몰려들었는데 그들도 비싸지 않은 주택이 필요했다. 정세권은 자신이 세운 건양사라는 건설 회사를 통해 이 지역에 있던 조선 관리들의 집을 사들였다.

그들은 집과 땅을 팔고 고향으로 내려가야 했기 때문에 정세권과 이해가 맞아 떨어졌다. 그 집들을 구매한 정세권은 옛집을 헐고 그 터를 작은 필지로 나누었다. 그리고 그 작은 필지에 작은 한옥을 세운 것이다. 그는 이렇게 작은 한옥을 지어 넉넉하지 못한 사람들에게 분양했다. 겉으로만 보면 그가 한 일은 요즘의 건설 회사가 한 일과 다르지 않다. 그런 의미에서 그를 한국 최초의 디벨로퍼(developer)라고 하는 것이다.

정세권(한글학회 제공)

　정세권 선생에 대해 설명할 때 내가 결코 빠트리지 않는 것이 있다. 정세권은 그냥 일상적인 건설업자가 아니라 정말로 나라와 이웃을 위해 살았던 분이라는 것이다. 진정한 애국자라고 할까? 어떤 면에서 그를 애국자라고 할 수 있을까? 우선 그는 북촌이 일본인들의 거주 지역이 되는 것을 막아냈다. 앞에서 본 것처럼 주로 청계천 남쪽에 거주하던 일본인들이 거주 지역을 북촌 쪽으로 확대하자 정세권이 이 지역에 한옥을 지어 조선인들이 이주하게 함으로써 북촌을 지켜낸 것이다. 만일 그가 이런 일을 하지 않았다면 오늘날 북촌의 운명이 어떻게 됐을지 알 수 없다. 이 북촌 일대가 당시에 유행하던 일본인들의 문화주택이라는 것으로 도배됐을지도 모른다.

그런데 당시 이 한옥에 이주하고자 하는 사람들은 재정이 넉넉한 사람들이 아니었다. 따라서 정세권은 그들의 수입에 맞는 작은 집을 지었다. 이것만 가지고도 그는 칭송받을 만하다. 가지지 못한 이들을 배려하는 정신이 돋보이기 때문이다. 그러나 그 다음에 한 일은 더 장했다. 이 집값을 할부로 받았으니 말이다. 이 집이 아무리 중소형에 불과하더라도 어떤 사람에게는 집값을 한 번에 내는 일이 쉽지 않을 수 있다. 특히 영세한 서민들은 돈을 지불하기가 힘들었을 것이다. 정세권은 그런 사람들을 위해 집값을 나누어 내게 했다. 분할해서 지급하는 제도를 만들었다는 것이다.

이것은 건설업 같은 사업을 하는 사람에게는 말도 안 되는 일이다. 집을 자기 돈으로 지어 판 다음에 집값을 나누어 내라고 하는 건설업자가 세상에 어디 있겠는가? 이게 이해가 잘 안 되면 이렇게 생각해보라. '극동건설' 같은 회사에서 아파트를 지어 판 다음에 입주자에게 그 대금을 몇 개월에 나누어 받는다면 그게 말이 되겠는가? 건설 회사는 아파트를 지으면서 이미 많은 돈을 썼기 때문에 빨리 대금을 받아 자금을 회전시켜야 한다. 그렇게 하지 않으면 회사가 망한다. 그래서 정세권의 방식으로 사업하는 건설 회사는 세상에 있을 수 없다. 이렇게 하는 것은 장사가 아니라 사회복지 사업이다. 그런데 정세권이 이런 일을 했으니 대단하다는 것이다. 그러면서도 그는 돈도 벌었으니 더 대단하다고 하지 않을 수 없겠다.

이런 정세권에 대해 총독부는 그에게 한옥은 그만 짓고 일본식 집을 지으라고 계속해서 강요했다. 총독부가 그렇게 권한 것은 정세권이 하는 일이 한옥을 장려하는 일이 된다고 믿었기 때문이다. 한국의 고유문화가 진작되는 것에 비판적이었던 총독부의 입장에서는 정세권이 하는 일이 달갑게 보일 리가 없었다. 그러나 정세권은 단호했다. 그는 총독부 당국에게 일본식 집을 지으려면 차라리 사업을 접겠다고 선언했다. 그런 끝에 그는 실제로 회사의 문을 닫는다. 이처럼 단호한 의지를 가졌던 그는 당시에 보기 드문 애국자였다. 그를 애국자라고 하는 데에는 다른 요인도 있는데 그에 대해서는 다른 책에서 이미 언급했기 때문에 여기서는 생략한다.

지금 서울에 남아 있는 한옥들을 보면 정세권이 지은 게 거개(舉皆)다. 우리가 답사하고 있는 북촌은 말할 것도 없고 이웃 동네인 서촌, 익선동, 그리고 창신동, 충정로 등에는 아직도 한옥이 꽤 남아 있는데 이것들은 모두 정세권의 회사에서 지은 것이다. 만일 1930년대에 정세권이 이처

서西 북촌 답사를 시작하며

럼 한옥을 대량으로 짓지 않았다면 지금 서울에는 극소수의 한옥만 남아 있었을 것이다. 따라서 정세권이 아니었다면 전통 건축과 관련해서 이 서울은 매우 황량했을 것이라고 추측할 수 있다. 그럼에도 불구하고 아쉬움은 남는다. 서울의 전통 문화와 관련해서 가장 아쉬운 것은 조선조에 사대부들이 살았던 진짜 한옥이 너무 없다는 것이다. 정세권이 지은 한옥은 일반인들이 살기 위해 지은 거라 기품이 높다고 할 수 없다. 한옥을 대표한다고 할 수 없다는 것이다. 제대로 된 한옥을 보려면 역시 사대부들이 거했던 한옥에 가 보아야 한다.

서울에서 사대부들이 살았던 진짜 한옥을 보려면 남산한옥마을로 가야 한다. 그곳에 있는 한옥들은 조선 말 양반들이 살던 집이다. 그래서 높은 기품이 있고 정제되어 있다. 그런데 이 집들은 아주 좋지만 문제는 이 마을이다. 무엇이 문제일까? 이 마을은 그냥 한옥을 모아놓은 곳이지 한옥들 간에 유기적인 관계를 염두에 두고 조성한 곳이 아니다. 한옥을 가지고 마을을 만들려면 전통 마을의 구성원리에 맞게 그 집들을 제대로 배치했어야 했다. 그런데 이 마을의 한옥들은 그저 모여만 있지 서로 소통하는 게 없다. 그래서 그 좋은 한옥들이 빛을 발하지 못한다. 그저 영화 세트장처럼만 느껴진다. 이것은 그 마을의 설계가 잘

못되었기 때문이다. 제대로 했으면 골목길도 만들고 집도 그 규모나 크기에 따라 적절하게 배치했어야 했다. 제대로 만들었으면 이 마을은 서울의 명소가 될 수 있었는데 그렇게 되지 못해 못내 아쉽다.

나는 이전부터 서울에 제대로 된 한옥 마을을 만들어야 한다고 주장했는데 이런 내 말에 관심을 두는 사람은 거의 없다. 이런 주장을 제자들에게도 했는데 물론 제자들이야 내 말에 동의한다. 그런데 그들은 사회적으로 힘이 별로 없는 사람들이라 내 생각을 실현시킬 만한 능력이 없다. 그에 비해 나의 생각을 실현시킬 수 있는 사람은 정치가나 관리, 혹은 돈이 많은 사람들인데 그들은 내 의견에 주의를 기울이지 않으니 어차피 내 주장은 실현되기 힘들 거라는 생각이다.

한국인들은 노상 자기 나라의 역사가 반만년이라고 자랑하지만 외국인들이 서울에 오면 제대로 된 조선조의 집과 마을을 보여줄 데가 없다. 이런 것을 만들면 훌륭한 관광자원이 될 터인데 한국인들은 만들 생각을 하지 않는다. 외국인들이 한국에 오면 가장 한국적인 것을 보려고 할 텐데 보여줄 것이 없다. 기껏해야 고궁 가는 것 정도인데 그런 박제된 것 말고 일반 한국인들이 사는 모습을 보여주는 게 중요하다. 사람들의 생활 터전을 보여주는 게 중요하다는 것이다. 빨리 이런 곳을 만들어야 할 터인데 앞에서 말한 것처럼 그 필요성조차 알지 못하니 실현은 부지하세월이다.

윤보선 길 안으로 들어가며

여기 있는 종로경찰서가 그 경찰서?　이곳에서 사람들을 기다리면서 이처럼 북촌을 소개하다 주위를 둘러보면 길 건너편에 종로경찰서가 보인다. 이 종로경찰서는 아마 서울에 있는 경찰서 가운데 가장 익숙한 곳일 것이다. 왜냐하면 일제기에 한국의 독립운동가들이 붙잡혀 가 고문을 당하던 곳이 바로 이 경찰서이었기 때문이다. 그래서 일제기의 신문 기사나 소설 같은 것을 보면 독립운동을 했던 분이 체포되면 종로경찰서의 고등계와 서대문형무소가 단골로 등장한다. 이를 통해 우리는 이 종로경찰서가 독립 운동을 탄압하는 데에 앞장 서 있었다는 것을 알 수 있다. 이 경찰서가 고문으로 얼마나 악명이 높았으면 이곳은 한 번 들어갔다 나오면 '송장 아니면 산송장이 되어 나온다'는 말이 있었겠는가?

이 종로경찰서는 1923년에 있었던 김상옥의 폭탄투척

현재의 종로경찰서

사건으로도 유명하다. 김상옥은 의열단원이었는데 원래는
당시 총독이었던 사이토를 암살하는 계획을 세웠다. 그런
데 이를 실행하기 전에 종로경찰서를 폭발시켰다고 한다.
그래서 그는 이 사건으로 일본 경찰에 쫓기었고 그렇게 도
망하던 중 은신처에서 총싸움을 벌이게 되었다. 그때 그는
일본 경찰도 죽이고 자신도 권총으로 자결함으로써 생을
마감했다. 그렇게 죽으니 당연히 그는 총독 암살은 이행하
지 못했다.

그런데 이 사건을 두고 과연 종로경찰서 폭발 사건의 실
행자가 정말로 김상옥인지에 대해 의문을 표하는 사람이
적지 않은 것 같다. 이들이 내놓는 근거는 만만한 것이 아

니다. 제일 큰 근거는 총독을 암살하려는 큰 계획을 세운 사람이 왜 쓸 데 없이 경찰서를 폭파하겠느냐는 것이다. 경찰서를 폭파하는 것은 총독 암살과 비교해볼 때 그리 '임팩트'가 있는 일이 아닌데 왜 그런 일을 해서 꼬투리를 잡히겠냐는 것이다. 총독 암살과 같은 큰일은 쥐도 새도 모르게 계획해야 하는데 그런 중요한 일을 앞두고 다른 일을 먼저 하는 것은 납득하기 어렵다는 것이다. 게다가 이 폭발로 인해 일본 경찰은 별 피해를 입지 않았다. 이렇게 제대로 피해도 입히지 못할 일을 김상옥이 굳이 획책할 이유가 없다는 것이다. 여기서 이 주장의 진위여부를 가리자는 것은 아니다. 이 분야는 내가 전문적으로 연구하지 않아 그 진실 여부를 판단할 처지가 아니다. 그런데 확실한 것은 앞에서 말한 것처럼 김상옥은 이 사건으로 인해 일본 경찰에 의해 쫓기다 죽음을 맞이했다는 것이다. 그러니 그는 이 사건과 전혀 무관하지는 않을것이라는 생각이 든다.

이 종로경찰서 앞에 서면 이 같은 역사가 떠오르는데 그럴 때 이런 의문이 든다. 과연 이 사건이 일어난 곳이 지금 내 눈 앞에 있는 이 경찰서인가 말이다. 그렇게 생각하기에는 건물이 너무 현대적이다. 양식을 보면 세운지 몇 십년 안 되는 건물 같다. 그래서 건물은 아닐지라도 자리는 원래 자리일 수 있지 않겠는가 하는 의문이 생긴다. 과연 진실은 무엇일까?

　이런 의문을 갖고 자료를 조사해보니 지금 내 앞에 있는 종로경찰서는 일제기의 그것과 아무 관련이 없다. 원래의 종로경찰서는 YMCA 서편에 있었단다. 그러니까 서울의 중심부에 있었던 것이다. 현재 남아 있는 흑백 사진을 보면 건물이 썩 좋은 것을 알 수 있다. 일제기의 관공서 건물로서 전체적인 디자인이 좋다. 당시 가장 중요한 경찰서이었을 터이니 좋은 건물을 만들어 썼을 것이다.

　앞에서 나는 과거 역사와 여기 우리 앞에 있는 건물은 아무 관계가 없다고 했다. 지금까지 설명한 것을 들어보면 그 사정을 알 수 있을 것이다. 그러면 이 건물은 언제 어떻게 지은 것일까? 간단하다. 이 건물은 1982년에 이곳에 처음으로 터를 잡고 지었다고 한다. 이곳으로 오기까지 종로경찰서는 몇 군데를 옮겨 다닌 것으로 기록되어 있는데 자세한 것은 생략한다. 원래 자리에 있던 경찰서 건물은 언제 헐렸는지 알 수 없다.

　일제기에 서울에는 일본인들이 세운 수많은 근대 건축물들이 있었다. 이것들 중에 현재 남아 있는 것은 별로 없다. 이 종로경찰서 건물도 다른 건물들과 함께 역사 속으로 사라졌다. 그런데 그 건물들을 그렇게 부수어서 없애버리기보다 '일제기 테마 파크' 같은 것을 만들어 옮겨 놓았

원래의 종로경찰서

더라면 얼마나 좋았을까 하는 '망상'을 해본다. 망상이라
고 한 것은 지금은 문화적으로나 경제적으로 여유가 많아
이런 생각을 하지만 당시는 그런 발상이 용납되지 않았을
것이다. 그러나 사정이 어찌됐든 당시에 없어져버린 건물
가운데 아까운 건물이 많은 것은 사실이다.

　다시 현재의 종로경찰서 건물로 돌아가서, 이 건물은
1982년에 지은 것이라 그런지 별로 멋이 없다. 그 즈음에
지은 관공서 건물들은 다 그렇고 그렇다. 요즘에 지었으
면 이보다 훨씬 잘 지었을 텐데 말이다. 일제는 수십 년 전
에도 아주 좋은 건물을 지었는데 현대 한국인들은 왜 관공
서 건물을 이런 식으로밖에 짓지 못하는지 알 수 없다. 이

런 건물들은 한 마디로 말해 '뻐데 없다'. 들어가는 입구도 미적인 디자인과는 너무 거리가 멀다. 도대체 경찰을 상징할 만한 것이 없다. 각 관공서들은 나름대로 콘셉트를 가지고 설계가 이루어져야 하는데 한국에서는 그런 일이 잘 벌어지지 않는다. 이 종로경찰서도 그렇지만 내가 살고 있는 동네에 있는 경찰청도 건물의 외관에서 도무지 경찰적인 이미지가 보이지 않는다.

이야기가 조금 옆으로 샜다. 할 말은 많지만 자제하기로 하고 다시 우리의 주제로 돌아가자. 일제 때 이 경찰서는 대단히 중요한 역할을 했다고 했는데 중요도로 따지면 이 경찰서는 지금도 다른 어떤 경찰서에 뒤지지 않는다. 관할 구역 내에 청와대나 정부청사, 헌법재판소, 미국 대사관 등 대단히 중요한 기관들이 많기 때문이다. 이런 기관들의 보안을 담당해야 하니 전국에 있는 경찰서 중에 이 경찰서가 힘이 가장 강할지도 모르겠다. 그런데 이 같은 주요 관청들을 지키는 경찰서치고는 건물이 별로라고 했다. 건물에 영 영이 안 선다. 다른 경찰서보다 이 종료경찰서는 그 권위에 맞는 외모를 갖고 있어야 하는데 그렇지 못하다는 것이다.

이전에 만들어 놓은 서울의 관공서를 보면 이렇게 외양이 '폼이 나지' 않는 게 여럿 있다. 이럴 때 제일 먼저 떠오르는 게 종로구청 입구이다. 굳이 입구를 말하는 것은 이곳에 한국 전통과 관계되는 것이 설치되어 있기 때문이다. 종로구청은 내가 이 근처를 지나는 일이 많아 자주 만나는 곳이다. 이 종로구청 입구에는 사진에서 보는 것처럼 한식으로 지붕을 만들어 놓았는데 영 폼이 안 난다. 종로구는 잘 알려진 대로 고궁이나 북촌 같은 전통적으로 유서 깊은 유적이 많은 지역이다. 또 종로라면 한양의 중심이었다. 그래서 그런지 종로구청의 슬로건도 '사람중심 명품도시'라고 했다. 그렇다면 대문을 이렇게 엉성하게 만들어 놓아서는 안 된다. 이곳서 걸어서 10분밖에 걸리지 않는 경복궁(의 광화문)에 걸맞는 대문을 만들어놓아야 한다. 이 문을 매일 드나드는 구청장이나 직원들은 그런 생각이 안 드는 모양이다. 모두들 문화적 소양이 너무 부족하다.

이럴 때 마다 하는 이야기가 있다. 별로 꺼내고 싶은 말은 아니지만, 일본인 같았으면 이렇게 하지 않았을 것이라는 것이다. 이 앞을 지날 때 마다 어찌 해야 일반 한국인들의 문화적 소양을 고양시킬 수 있을지 생각해 보지만 대책이 서지 않는다. 특히 관이 개입하면 일을 그르치는 경우가 많다. 이럴 때 한국인의 문화적 소양이 뚝 떨어지기 때문이다. 바로 옆에 있는 광화문 광장이 그 대표적인 경우다. 저 광장을 만들어 놓고 얼마나 자주 뜯어 고쳤는지 나

종로구청 정문

는 잘 안다. 내가 운영하는 문화 공간을 가기 위해서는 이 광장 바로 옆길로 가야 하기 때문에 그 변화상을 누구보다도 잘 안다. 이 광장도 관이 자꾸 개입해서 이렇게 된 것이다. 그런데 또 수년 내로 뜯어 고치겠다고 한다. 만일 이전과 같은 과정을 거쳐 일을 하겠다면 그 결과가 어떠하리라는 것은 안 보아도 '비데오'다. 이제는 나도 어줍은 비판을 하느니 입을 다물고 있는 게 낫겠다는 생각이다. 아무리 말해도 고쳐지지 않으니 말이다.

다시 종로경찰서로 돌아와서, 이 경찰서의 재미있는 점은 그 중요 업무가 이 지역에서 잦게 일어나는 시위에 대처하는 것이라는 것이다. 다른 민생 치안보다 시위 관리하는 것이 가장 주요한 업무인 것이다. 주지하다시피 이 지역은 광화문 광장이나 청와대 주위 등을 비롯해 시위가 끊이지 않는 곳이다. 서울, 아니 전국에서 이 지역보다 시위가 잦은 곳이 없을 것이다. 내가 만든 문화 공간이 경복궁 옆에 있어 나는 누구보다도 이 사실을 잘 안다. 토요일에는 하도 시위가 많아 버스를 타고 갈 수가 없다. 그리고 토요일에 이 공간에 앉아 있으면 시끄러워 아무 일도 할 수 없다.

그런데 내가 사는 아파트는 이 시위가 시작되는 곳에 있다. 이 시위는 보통 서울역에서 시작되는데 내 아파트가 바로 그 옆에 있다. 지금 이 글을 쓰는 날이 토요일인데 아파트 내 방에서 내려다보면 서울역에서 일차 집회를 마친 태극기 부대가 광화문 광장으로 가기 위해 차도를 무단 횡단하려고 준비하고 있는 모습이 보인다. 저들은 매주 토요일마다 광화문 광장에서 시위를 하는데 이들을 관리하는 게 바로 종로경찰서이다. 그러니 이 경찰서의 업무가 얼마나 막중한지 알 수 있겠다.

한국 근대 불교의 산실, 선학원 앞에서 　종로경찰서에 얽힌 이야기는 그만 하고 골목 안으로 더 들어가 보자. 이 골목의 정식 명칭은 윤보선길이다. 이 길에는 가장 유명한 유적으로 윤보선 가옥이 있기 때문에 붙여진 이름이다. 우리도 그곳으로 갈 터인데 그 전에 한 군데 들릴 곳이 있다. 이 길을 가다 보면 왼편으로 청국장 잘 하는 별궁 식당 가는 골목이 나오고 곧 덕성여고가 나온다. 이것은 덕성여고의 앞면이 아니고 뒷면이다. 거기에 골목이 하나 있는데 그 안쪽으로 들어가면 선학원(禪學院)이라는, 일반에게는 다소 생소한 이름의 불교 기관이 나온다. 이것은 바로 재단법인 선학원이라는 불교 단체이다. 이 기관의 이름은 선학원이라 다소 그 의미가 애매할 수 있는데 기본적으로는 불교 사찰이다. 여기에는 원래 시멘트로 만든 한옥 건물이 있었는데 그것은 없어지고 2018년에 지금 보는 바와 같이 지상 2층, 지하 4층의 새로운 목조 건물이 들어서게 된다.

지금 이 건물은 선학원이 아니라 '한국근대불교문화기념관'이라는 긴 이름으로 불리고 있다. 이 건물 안으로 들어가 보면 1층에는 이 단체의 역사를 알려주는 여러 문헌과 사진들이 전시되어 있고 안쪽의 맨 가운데에는 만해 한용운의 동상이 있다. 그러니까 이 방이 기념관 같은 역할을 하고 있는 것이다. 그리고 2층에는 법당이 있어 절의 기능을 하고 있는 것을 알 수 있다.

이 단체는 한국 불교의 복잡한 근대사를 담지하고 있어 한국불교를 잘 모르는 사람은 이 기관의 속성을 이해하기

선학원 입구

가 힘들다. 아니 일반 불교도들도 이 단체가 어떻게 생기고 어떤 역사를 갖고 있는지 잘 모른다. 이 단체의 역사를 보면 수많은 승려들의 이름이 나오고 많은 단체의 이름이 나와 헷갈리기 쉽다. 그래서 일반 불교도들도 이 단체의 특성을 이해하는 데에 어려움을 느끼는 것인데 일반인인 우리가 이 단체의 복잡한 역사를 다 알 필요는 없을 것이다. 자세한 역사를 알고 싶은 사람은 인터넷을 검색하거나 이 건물에 가서 살펴보면 될 터이니 여기서는 아주 간단하게 그 핵심만 보자.

이 단체가 태동하게 된 배경은 단순하다고 할 수 있다. 한국(조선)을 식민지화 하는 데에 성공한 일제는 한국의 모

선학원 기념관에 있는 만해 동상

든 것을 일본화 하는 데에 총력을 기울인다. 한국 불교도
예외가 아니었다. 한국 불교는 민족 문화의 중심에 서 있
었기에 하루 빨리 그 기반을 와해시키는 일이 필요했다.
이를 위해 총독부는 여러 가지 주도면밀한 시도를 하게 되
는데 이에 반발해 한국 승려들이 만든 단체가 바로 이 선
학원이다. 당시 총독부가 조선 불교를 자신들의 통제 하에
놓기 위해 행했던 정책 중에 가장 대표적인 것이 1911년에
발표한 사찰령이다. 이 사찰령의 기본 골자는 간단하다.
전국에 있는 사찰 가운데 큰 사찰 30개를 골라 중심 사찰

이라는 의미에서 본산이라 불렀다.[1] 그리고 그 주변에 있는 작은 사찰들은 말사로 분류해 이 중심 사찰에 소속시켰다.

이 사찰령은 일본이 한국을 병탄하고 1년 정도밖에 지나지 않았을 때 시작됐으니 상당히 빠른 시간에 진행된 것을 알 수 있다. 일제 당국은 한국 불교를 하루 빨리 궤멸시켜 자신들의 철저한 통제 하에 놓고 싶었던 모양이다. 이 사찰령의 핵심은 본산의 주지를 총독부가 임명하고 재정을 간섭하는 데에 있었다. 이 중심 사찰의 주지를 총독부가 임명하니 한국 불교는 총독부의 손 안에 들어간 것이된다. 이것은 말도 안 되는 일이지만 당시 조선은 식민지였으니 어쩔 수 없는 일이었다. 지금으로 치면 문화부 종무실에서 해인사나 금산사의 주지를 임명하는 꼴이라 할수 있다. 이렇게 되면 주지들은 당국의 말을 고분고분 듣지 않을 수 없었을 것이고 따라서 통제가 매우 쉬웠을 것이다. 이런 어이없는 일이 당시에 일어났다.

그런데 이런 일제의 정책에 큰 반발이 없었던 모양이다. 적어도 역사에 기록될 만큼 큰 저항 운동은 없었던 것 같다. 물론 곧 보게 될 선학원 운동은 예외라 하겠다. 그 뒤로

---

1) 1924년에는 화엄사가 여기에 들어가면서 31 본산이 되었다.

한국 불교는 서서히 왜색이 들어 일본 불교를 닮아갔다. 그래서 결혼도 하고 육식도 하는 승려가 계속해서 늘어 갔다. 그 때문에 해방 직전인 1940년대 중엽에는 대부분 의 한국 승려들이 결혼한 상태에 있는 등 한국 불교는 거의 일본 불교화 되어 있었다. 해방이 되자 이렇게 변질된 한국 불교를 원 상태로 복구하는 일이 시작되는데 그것이 1954년에 시작된 불교 정화운동이라는 것은 잘 알려져 있다. 그 운동을 선두에 서서 지휘한 단체가 바로 이 선학원 이었다. 그래서 한국 불교 내에서 이 기관이 차지하는 위상은 자못 크다고 하겠다.

다시 선학원 초기 역사로 돌아가면, 총독부가 한국 불교를 손 안에 넣으려고 했을 때 저항 운동이 전혀 없었던 것은 아니다. 한국 불교가 힘없이 왜색화 되는 것을 보고만 있을 한국 승려들이 아니었다. 한국 불교가 그렇게 호락호락하지 않았기 때문이다. 당시 한국 불교계의 스타급 승려들이 총독부의 왜색 불교화에 대항하기 시작했는데 이를 위해 세운 단체가 이 선학원이었다. 이때 모인 승려들 가운데에는 우리에게 친숙한 분들의 이름이 보인다. 3.1운동의 민족지도자 33인에 포함되어 있었던 만해와 용성, 그리고 1937년 총독부 회의에서 총독에게 사자후를 토한 것으로 유명한 만공 등이 그들이다. 처음에 선학원을 만들 때

주축이 된 승려는 이 같은 잘 알려진 스님들이 아니라 용성, 남전, 석두 같은 분들이다. 만해는 3.1 운동으로 옥고를 치르고 나온 다음에 합류하게 된다.

이들이 이 단체의 이름을 선학원이라고 한 데에는 사연이 있다. 그들은 만일 자신들이 세우는 새로운 단체의 이름에 절을 뜻하는 사(寺)나 암(庵) 자를 쓰면 총독부의 사찰령에 걸려 총독부에 예속될 것이라고 생각했다. 그들의 생가은 틀리지 않았을 것이다. 만일 이 새로운 불교 단체의 이름이 사찰을 뜻하는 '사'나 '암' 자로 끝나게 되면 총독부에서 그들이 만든 본산제를 적용해 30개의 본산 사찰 중 하나에 소속되어야 한다고 강요했을 것이다. 그렇게 되면 이 기관이 자신들이 그렇게 싫어하는 총독부 관할이 되니 이것만은 피해야 한다고 생각한 것이다. 그래서 그들은 기존의 체제에서 떨어져 나와 독자적인 단체를 표방하고자 이 기관의 이름에 원(院)이라는 글자를 쓴 것이다.

그렇게 시작은 했는데 아무래도 법적인 지위가 필요하다고 생각한 지도부는 1926년부터 재단법인 설립을 추진했다. 그러나 일제가 이런 민족적인 단체의 법인허가를 순순히 내 줄 리가 없었다. 그런 시도를 계속 하다가 1934년에 '조선불교 중앙선리참구원'이라는 이름으로 간신히 법인 허가를 받는다. 이 이름을 보면 그 성격이 선학원보다 더 이론적이 된 것을 알 수 있다. 참구원이라고 했으니 말이다. 이름을 이렇게 정한 것은 일제 당국에게 자신들은 연구만 하지 저항이나 운동 같은 것은 하지 않겠다는 것을 확실하게 보여주기 위해서였을 것이다. 이 일을 전후로 이 단체는 한국 선불교의 명맥을 잇고 발전시키는 여러 일들을 하게 되는데 그 핵심에는 만공 스님이 있었다. 만공은 불교를 재흥하기 위해서는 선불교를 일으켜 세워야 한다는 생각으로 많은 활동을 했는데 그 내용이 전문적이라 여기서 그것을 자세하게 볼 필요는 없을 것이다.

  그 다음에 이 단체와 관계해서 일어난 사건으로 가장 중요한 것은 일제풍의 불교를 청산하기 위해 일으킨 정화운동이라 할 수 있다. 이 단체는 1953년에 재단의 이름을 선학원으로 바꾸고 정화운동의 기치를 높이 들기 시작했다. 이것은 그 다음 해인 1954년에 일어난 불교 정화운동의 불씨를 당기는 역할을 했다. 이때 말하는 정화운동은 승단을 원래 상태로 바꾸는 것을 말한다. 이해하기 쉽게 말하면 계율을 바로 세우겠다는 것이다. 잘 알려진 대로 승려는 결혼할 수도 없고 육식도 할 수 없다. 그런데 당시 한국의 승려들은 일본 불교화 되어 90% 이상이 결혼한 상태였고 육식 금지와 같은 다른 계율도 지키지 않았다. 이 정화운동을 시작한 승려들은 이것을 원래대로 돌려 비정상

만공(조계종 제공)

적인 것을 정상으로 만들려고 했다.

이런 운동을 진행하다 보니 이들은 정식 종단을 만들어 제대로 된 운동을 해야겠다는 결론에 다다르게 된다. 그렇게 해서 태어난 것이 1962년에 만들어진 대한불교 조계종이다. 이 종단의 이름이 원래 아무것도 없는 데에서 나온 것은 아니다. 그 이전에 이미 '조선불교조계종'이라는 이름의 종단[2]이 있었는데 새로 생긴 종단은 그 이름을 이어받은 것이다. 그러나 핵심 구성원은 선학원의 승려들이었다. 어떻든 1962년 이후에는 이 종단이 중심이 되어 대처승들의 절들을 탈환해 명실상부 한국 불교의 대표적인 종단이 되는데 그 복잡한 과정을 여기서 다 밝힐 필요는 없겠다.

───────────────────

2) 이 종단은 1940년 31개 본산의 주지들이 모여 만든 것이니 관제 불교의 성격이 강하다고 할 수 있다.

그 다음 문제는 이 선학원과 조계종의 관계인데 이 둘은 뿌리는 같은데 법인이 달라 지금까지 계속해서 갈등을 일으키고 있다. 안의 사정은 잘 모르겠지만 밖에서 보기에는 이제는 크게 비대해진 조계종이 선학원을 수하에 두려고 하는데 선학원은 독자적인 행보를 하고 싶어 하는 데에서 문제가 발생하는 것 같다. 이 문제는 당사자들이 알아서 하면 되는 것이고 우리 같은 국외자는 이 단체의 의미만 알면 되겠다는 생각이다. 필자가 보기에 이 선학원은 한국 불교가 일제 당국에 의해 변질되고 있을 때 그 정통성을 확보하고 한국 불교의 유구한 전통을 잇기 위해 발분했던 단체로 보인다. 그리고 그렇게 보지(保持)한 한국 불교의 역사와 전통을 현금의 조계종으로 연결시켜주었다는 점에서 매우 큰 공로가 있다고 하겠다.

북촌의 유일한 전통 사대부 집,
윤보선 가옥과 그 주변에서

이제 선학원을 뒤로 하고 길을 계속 올라가자. 이 길의 주인공은 말할 것도 없이 윤보선 가옥이다. 선학원에서 조금만 올라가면 왼쪽으로 안동 교회가 나오고 그 맞은편에 이 집이 나온다. 이 집에 대해서는 많은 형용사가 붙는다. 이 집을 가장 간단하게 정의하면, 북촌에서 유일한 전통 사대부 집이라 할 수 있다. 북촌에 한옥이 그렇게 많은데 조선의 진짜 양반이 살던 집은 이 집이 유일하다는 게 믿기지 않지만 그것이 현실이다. 현실이 왜 그렇게 됐는가에 대해서는 앞에서 이미 언급했다. 서울이 600년 고도라고 하는데 어떻게 북촌에 이렇게 사대부 가옥이 없다고 하는 건지 믿을 수 없을 지경이다. 이것은 그만큼 한국인들이 어려운 세월을 살아왔다는 것을 말한다.

윤보선 가옥의 내력 이제 이 집의 내력에 대해서 보는데 지금까지 나와 있는 기록에 조금 문제가 있어 보인다. 이 집의 건립에 대해서 1870년대에 민대감이 지었다고 하는 기록이 있는데 어떤 기록에는 구체적으로 민영익[3]의 아들인 민규식이 지은 집이라고 적시되어 있다. 이 기록들을 보면 집의 건립 연대는 맞는 것 같은데 지은 사람에 대해서는 약간 의문이 든다. 특히 뒤의 기록이 그렇다. 왜냐하

---

3) 대중 가수로서 인기 그룹이었던 신화의 에릭이 민영익을 빼다 닮아 화제가 된 적이 있었다. 민영익은 서화에 밝아 말년에 중국 상해에 살면서 당시 최고 화가였던 오창석 등과 깊은 교류를 했다고 전해진다. 예술에 밝았다는 점에서 민영익과 에릭 두 사람은 통하는 바가 있다 하겠다.

면 우선 민규식은 민영익의 아들이 아니다. 그는 외척이면서 대표적인 친일분자인 민영환의 차남이다. 게다가 민규식은 1888년에 태어난지라 1870년대에는 아예 존재 자체가 없었다. 그러니 무슨 집을 짓고 말고 하겠는가? 그렇다고 민영익이 지었다고 볼 수도 없다. 왜냐하면 그는 1860년생이라 1870년대에, 그러니까 그가 10대에 이렇게 큰 집을 지었을 것 같지는 않기 때문이다. 그렇다면 민영익의 아버지인 민태호가 지었을까? 민태호는 고전을 면치 못하다가 1870년이 되어서야 벼슬길에 오른다. 그 뒤에는 왕비의 외척(사촌 오빠)으로 승승장구하게 되는데 이렇게 보면 민태호가 지었을 확률이 높다. 이처럼 이 집의 최초 건축자가 확실하지 않으니까 항간에서는 그저 민대감 집이라고 하는지도 모르겠다.

이 집에 대한 설명을 보면 항상 이 집이 민가로서는 가장 큰 규모인 99칸으로 지었다는 것이 나온다. 99칸이라고 해서 기둥 사이의 공간을 의미하는 칸이 실제로 99개가 있었다는 것은 아니다. 여기서 99라는 숫자는 실제의 숫자를 말하는 것이 아니고 민간이 지을 수 있는 가장 큰 집이라는 의미로 보면 되겠다. 잘 알려진 것처럼 조선조 동안 민간은 100칸 이상의 집을 지을 수 없었다. 그래서 아무리 큰 집도 99칸 집이라고만 했다. 그러나 실제로 세

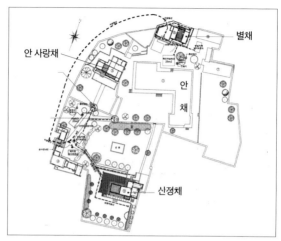

윤보선 가 배치도

어보면 이보다 훨씬 더 큰 민가가 적지 않았다. 이 집의 규
모가 꽤 컸던지 소문에는 고종이 이 집의 주인을 직접 불
러다 따지듯이 힐문(詰問)했다는 이야기도 있다. 그대의 집
이 너무 큰 것 아니냐고 따진 것이다. 그러나 이 이야기는
확인할 수 있는 것이 아니니 더 이상의 언급은 삼가야겠다.

이 집의 규모는 현재 남아 있는 땅의 크기로 보아도 꽤
큰 것을 알 수 있다. 대지가 1,400여 평에, 건평이 250평이
라고 하니 말이다. 뒤에 보게 될 백인제 가옥도 규모가 꽤
커서 대지가 약 900평이 되는데 그 집과 비교해보면 이

윤보선 가옥 전경

윤보선 가옥이 얼마나 큰 지 알 수 있겠다. 특히 1층 건물
만 있는 주택이 건평만 250평이라는 것은 대단한 것이다.
정확한 계산이 될지 모르지만 60평짜리 아파트가 4채가
있는 것이라고나 할까? 이 정도가 되니 이 집을 두고 남
아 있는 것 가운데 가장 큰 전통 가옥이라 해도 무방할 것
이다.

 이런 정보를 접할 때마다 드는 생각은 이 북촌에는 원래
이런 집 투성이었을 것이라는 것이다. 그렇지 않겠는가?
이곳에는 고관대작 중에 이 집의 주인인 여흥 민씨만 살았
던 것이 아니라 수많은 고위 관리가 살았을 터이니 말이
다. 그런 고관들이 모두 내로라하는 집을 지었을 것이다.

추측컨대 이들은 집을 지을 때 다른 성씨들과 경쟁이 되어 더 크고 화려한 집을 지으려고 했을 것이다. 그러니 당시에 이 북촌의 모습이 얼마나 장대했을까? 그런데 그런 집이 다 없어지고 이 집 하나만 남은 것이다. 만일 그런 집들이 어느 정도라도 남아 있었으면 이 북촌이 어땠을까 하고 생각해보는데 지금은 현실이 너무도 다르니 황망하기 짝이 없다. 이 집 앞에 오면 이 북촌에는 이런 거대한 민가들이 깔려 있었다는 사실을 잊지 말고 상기해 보자. 그때 북촌은 실로 장엄했을 것이다. 조선 최고의 마을로서 위용을 자랑했을 텐데 그 높은 조선 문화를 접할 길이 없으니 아쉽기 짝이 없다.

나는 이 집의 효용도를 그런 면에서 찾는다. 이 집은 아직도 윤보선 전 대통령의 장남인 윤상구 씨가 살고 있기 때문에 들어가서 구경할 수 없다. 따라서 답사지로서는 그 가치가 많이 떨어진다. 좋은 답사지라면 내부로 들어가 직접 눈으로 보면서 그 역사와 의미에 대해 토론해야 한다. 이 집은 대문 앞에 가면 절망감이 든다. 내부를 조금도 볼 수 없기 때문이다. 이전에는 그나마 우편함 틈으로 아주 조금 볼 수 있었는데 언제부터인가 그것도 막아 놓아 안쪽을 살필 방법이 없다. 사람들이 얼마나 그 틈으로 집안을 들여다 봤으면 그것을 막았을까 하고 생각해보면 그 집에 사는 분들의 고충을 알만 하겠다. 그래서 이 집을 답사 갈 때에는 이전에 내가 이 집에 들어가서 찍어 놓은 사진을 학생들에게 보여준다. 아니면 전화기로 검색하게 해서 이 집의 사진을 찾아보라고 한다. 궁색하지만 어쩔 수 없는 일이다.

앞에서 말한 것처럼 나는 이 집의 유용도를 사람들로 하여금 북촌의 과거 모습, 즉 그 위용을 알게 해주는 단서로 활용하는 데에서 찾는다. 이 집을 보고 이 지역이 이런 집으로 뒤덮여 있던 때를 상상해보라는 것이다. 충분히 그렇게 상상해볼 수 있는 것이 이 집과 담을 연해 있던 집에는 박지원의 손자인 박규수가 살고 있었다. 그것으로 미루어 짐작해보면 이런 규모의 집들이 이곳에 수두룩했을 것이라는 것을 알 수 있다. 박규수의 집은 지금으로 따지면 헌법재판소 자리에 있었는데 그때의 자취가 남은 것은 천연기념물인 백송 한 그루뿐이다. 이 나무가 박규수의 집 마당에 있었다고 하는데 나무가 이 정도로 컸다면 집은 얼마나 컸을지 대충 짐작이 가지 않겠는가. 이 나무에 걸 맞는 집이라면 그 크기가 상당해야 했을 것이다. 이 동네는 이런 집들이 즐비했을 터이니 그것을 상상해보자는 것이다.

이 집과 얽힌 이야기 가운데에는 한말 개화파의 대표선수였던 박영효와 관계된 것도 있다. 박영효가 한때 이 집에서 살았다는 것이 그것이다. 철종의 사위였던 박영효 (1861~1939)[4]는 1884년 갑신정변 때 거사에 실패하고 일본에 망명했다가 1894년에 일어난 갑오개혁 뒤에 조선으로 돌아온다. 그때 고종이 이 집을 사서 박영효에게 주었다는 것이다. 박영효는 그때 이 집에서 살았던 모양이다. 그 뒤에 한 사람을 더 거쳐 1910년대에 드디어 윤보선의 부친인 윤치소가 이 집을 구입해 지금까지 내려온 것이다. 이 집의 주인공인 윤보선(1897~1990)은 그가 10살 때쯤에 고향인 충남 아산에서 올라와 그 뒤로 이 집에서 내처 살게 된다. 이 집은 현재 국가지정문화재(사적 제438호)로 지정되어 있다.

윤보선은 누구?   윤보선에 대해서는 이미 세간에 많이 알려져 있어 자세히 볼 필요가 없을 것이다. 그의 이력 가운데 가장 대표적인 것은 말할 것도 없이 제4대 대통령을 역임한 것과 그 이후에 야당의 총수로 있으면서 민주화 운동에 앞장 선 것이다. 여기서 주의해야 할 것은 그가 4대 대통령이라고 해서 4번째 대통령을 의미하는 것이 아니고

---

4) 박영효의 부인은 철종의 딸인 영혜옹주인데 그녀는 1872년 4월 박영효와 결혼했으나 3개월도 못 되어 죽고 만다.

4번째 선거에서 당선되었다는 것을 뜻한다는 것이다. 윤보선 이전에는 이승만 대통령밖에 없었으니 사람으로만 치면 그는 두 번째 대통령이다. 윤보선은 잘 알려진 대로 4.19운동으로 새로 등장한 민주당의 대표로 대통령이 되었다가(1960년) 이듬해에 일어난 5.16 쿠데타 때 군부의 압력을 받고 대통령직을 사퇴한다. 이것은 1962년의 일이니 그가 대통령직에 있었던 것은 1년 7개월 남짓에 불과하다. 그 뒤에 그는 박정희 정권(1963년~1979년) 내내 야당의 총수 역할을 하면서 독재 정권에 항거하는 민주주의 투쟁에 앞장서게 된다. 따라서 그가 국민들의 뇌리에 기억되는 것은 대통령으로서의 윤보선보다 민주주의 수호자로서의 윤보선일 것이다(여기에는 그의 부인 공덕귀 여사도 포함된다). 1960년대에 어린 시절을 보내고 1970년대 중반에 대학시절을 보낸 필자 역시 윤보선은 대통령으로서 기억되지 않고 민주주의 투쟁가로서만 그 이미지가 남아 있을 뿐이다. 그가 대통령직에 있었을 때에는 내가 초등학교에 들어가기 직전이라 그때의 기억은 거의 없다.

　윤보선은 이 집에 살면서 이 같은 민주 투쟁을 벌였기 때문에 이곳에는 그 역사가 고스란히 간직되어 있다. 전해오는 바로는 한국 최초의 민주정당이었다고 하는 '한국민주당'이 이 집에서 1945년 9월에 태동되었다고 하는데 그

윤보선(국가기록원 제공)

전후의 한국정치사는 너무 복잡해서 전모를 파악하는 일
이 매우 어렵다. 또 전공자가 아닌 이상 그것을 자세하게
알 필요도 없다. 이 집이 중요한 것 중의 하나는 박정희 독
재 정권 시절 많은 반정부 인사들이 이 집을 민주화 운동
의 본부나 피난처로 삼았기 때문이다. 특히 김영삼이나 김
대중 같은 전 대통령들이 젊은 시절에 이 집에 자주 왕래
하는 바람에 이 집은 '야당의 회의실'이라고 불리기도 했
다. 그런 의미에서 이 집은 집 자체도 중요하지만 한국정
치사의 측면에서도 의미가 깊은 곳이라 하겠다.

여기서 이 집에 대해서 상세하게 말하는 것은 피하려고 한다. 왜냐하면 우리가 들어가 볼 수 없는 건물들에 대해 세세하게 말해봐야 독자들은 뭐가 무언지 잘 알 수 없기 때문이다. 전통 건축을 설명하는 문구들을 보면 그 구조에 대해 많이들 언급하는데 그 건물이 바로 내 눈 앞에 있지 않으면 설명들을 이해하기 힘들다. 그러니까 건물 앞에서 각 부분을 가리키면서 천천히 설명을 해주어야 그 구조에 대한 설명이 이해되지 이렇게 지면으로는 암만 이야기해 보아야 그 구체적인 모습이 눈에 들어오지 않는다.

그리고 건물의 구조에 대한 것은 전공자들에게나 중요한 것이지 비전공자들은 알 필요가 없는 것이 많다. 설혹 건물의 구조를 알아보려 해도 그 용어들이 매우 생소하고 복잡해 일반 독자들에게는 이해하는 일이 버겁다. 내 생각에 비전공자들은 건물 자체보다 그 건물과 얽힌 사람들의 이야기에 더 관심이 있지 않을까 한다. 그러나 건물들에 관한 가장 기본적인 정보는 지나칠 수 없으니 그에 대해서만 잠깐 보기로 하자.

윤보선 가옥의 주요 건물에 대해 이 집에는 원래 더 많은 건물이 있었지만 현재는 3채의 주요 건물이 있으니 그것에 대해서만 보기로 하자. 이 건물은 안채, 산정채, 안사랑

윤보선 가 대문

윤보선 가 연못

산정채 전경 (서울역사편찬원 제공)

채를 말하는데 여기에 문간채가 포함되기도 한다. 그 외
부대시설로는 안채 뒤에 있는 후원과 안채와 산정채 사이
에 있는 연못 정원 등이 있다.

그런데 이 건물들의 구도가 영 이상하다. 전통 사대부
집의 구도가 아니다. 전통 사대부 집은 대부분 어떤 식으
로든 직선적인 구조로 되어 있는데 이 집의 건물들은 너무
자유롭게 배치되어 있다. 그런데 예전에는 이보다 건물이
많이 있었다고 하니 다른 구도를 갖고 있었을 것이다. 지
금의 이 모습은 1960대 초에 완성된 것이라고 한다. 그 사
이에 계속해서 변형이 있었는데 그 자세한 사정은 잘 모르
겠다. 건물을 변형할 때 세부장식이나 가구들을 중국식 혹

산정채 공연 모습(한국문화표현단 주최)

은 영국식을 따라 새롭게 만들었다고 전해진다. 특히 연
못 정원의 경우에는 영국식을 따라 잔디를 깔고 연못의 모
양을 장방형으로 바꾸었다고 한다. 나도 이 집에 들어가서
이 연못을 처음 보았을 때 이 정원이 전통식이라기보다는
서양식이라는 느낌을 많이 받았다. 그때 관리인이 전하길
이전에는 이 연못에서 학을 길렀는데 6.25 때 피난 갔다
오니 학이 굶어죽었다고 한다. 이 말이 사실이라면 정원은
외양은 서양식으로 바꾸었지만 전통식대로 학을 길렀던
모양이다.

이 집 대문 앞에서 집안을 그래도 흘깃 볼 수 있는 곳은
오른쪽에 난 창을 통해서이다. 창살만 있어 그 사이로 무

엇인가 보이기는 하는데 내부가 너무 조금 보여 아쉽다. 대문 앞에는 하마석이 있는 것을 알 수 있다. 이것은 당연히 말에서 내릴 때 쓰는 돌이다. 그런데 서울에 있는 전통 가옥 가운데 이런 하마석이 있는 경우는 매우 희귀하다고 한다. 그것은 당연한 일 아니겠는가? 서울 안에 이 같은 사대부가가 거의 남아 있지 않으니 하마석 역시 있을 수 없지 않겠는가.

상상으로 대문 안으로 들어갔다고 하자. 그러면 작은 문 3개가 나오는데 이것은 앞에서 말한 3채의 건물로 들어가는 문들이다. 그 가운데 오른쪽 문이 산정채로 가는 문이다. 이 건물은 사랑채라고도 할 수 있고 별채라고도 할 수 있다. 안채와 꽤 떨어져 있어 별채라고 부르는 것이리라. 이곳을 산정채라고 부르는 데에는 나름의 이유가 있었다. 이 건물 근처에 작은 동산을 만들었는데 그 동산을 산으로 여겨 산 옆에 있는 별채라는 의미에서 산정(山庭)채라고 했다고 한다. 그러나 지금은 이 같은 작은 동산이 없어 원래의 모습은 알 수 없다. 이 건물이 사랑채라고 하지만 윤보선 가옥을 대표하는 건물이라 할 수 있다. 손님들이 오면 이곳을 이용했다고 하는데 이 건물 앞뒤로 아름다운 정원이 있어 아주 보기 좋다. 나도 이곳에서 수 년 전 작은 국악 공연을 한 적이 있어 한 나절 머문 적이 있는데 그때 보니 이 건물은 참으로 좋은 집이었다. 그곳에 있으면 경관이 고즈넉해 내가 서울 한복판에 있다는 사실을 잊을 정도였다.

윤보선은 영국에서 유학하고[5] 돌아와 1932년부터 1945년까지 꽤 오랜 시간 동안 이 산정채에 칩거하면서 바깥 활동을 자제했다고 한다. 이 집은 거의 집 한 채의 구실을 하기 때문에 윤보선이 이 집에서 생활할 수 있었던 모양이다. 앞에서 말한 것처럼 수 년 전에 그곳에서 공연을 할 때 집안에 오래 있어 보았는데 그 공간이 윤보선 선생이 직접 생활하시던 곳이라 생각하니 감회가 새로웠던 기억이 난다. 내부도 매우 정갈하고 아름다웠던 것으로 기억된다. 이 건물에는 조선말에 유행했다는 서양식 차양이 남아 있다. 이런 차양은 창덕궁의 연경당과 강릉 선교장의 열화당에만 남아 있는데 석양 무렵에 해를 가리기 위해 쳐 놓은 것이다. 이 집에 있는 다른 건물에도 차양이 있었다는데 지금은 다 없어지고 주춧돌만 남아 있다.

이 집에는 주목할 만한 글씨가 있다. 우선 추사가 썼다고 하는 '유천희해(遊天戲海)'라는 현판이 있는데 이 글씨

---

5) 윤보선은 당시 영국의 에딘버러 대학에서 고고학을 전공했다고 한다. 유학을 갈 때 그는 자신의 아저씨뻘에 해당하는 윤치왕으로부터 많은 도움을 받았다고 한다. 윤치왕에 대해서는 뒤에서 본격적으로 다룰 것이다.

윤보선 가 가족 사진(안채 앞에서 찍었다)(국가기록원 제공)

북촌의 유일한 전통 사대부 집, 윤보선 가옥과 그 주변에서

안사랑채(위), 산정채로 가는 문(아래) 문화재청 제공

편액 '유천희해' (서울역사편찬원 제공)

가 진짜 추사 것인가에 하는 데에는 논쟁의 여지가 있는
모양이다.[6] 이런 논란에는 나 같은 비전문가들은 끼어들
지 않는 것이 상책이다. 전문가들도 확실한 것을 몰라 헤
매는데 나 같은 일반인이 어떻게 알겠는가? 특히 글씨에
대한 감정은 어려운 것 같다. 전문가들도 편이 나뉘니 우
리들은 어느 편에 서야 할지 알 수 없는 노릇이다. 또 그
옆에는 박쥐 모양의 편액에 '태평만세'라는 글씨가 새겨
있는데 그다지 주목할 만한 글씨가 아니어서 그런지 이에

----

6) 원래 이 문구에는 그 앞에 '산숭해심(山崇海深)'이라는 문구가 있어야 한다.
그렇게 되면 '산숭해심 유천희해'는 '산은 높고 바다는 깊으니 하늘에서 놀고
바다에서 노닌다'는 뜻이 된다.

대해서는 별 이야기가 전해지지 않는다.

이 집과 한국의 정치와 관련해서 아주 유명한 사진이 전해진다.[7] 이 사진은 김대중 씨와 김영삼 씨가 윤보선 가의 산정채 앞에서 모여 앉아 찍은 것이다. 1975년도 사진이라고 알려져 있고 당시 안건은 야당 통합 문제였다고 하는데 양 김 씨의 젊은 모습이 아주 인상적이다. 나는 이 사진을 보고 있으면 감회가 새롭다. 이 두 분이 모두 한국의 대통령직까지 지냈으니 이 사진이 더욱 더 의미가 있는 것이다. 당시 박정희 시절에 이 두 분이 한국의 대통령이 될 거라고 점친 사람은 거의 없었다. 특히 김대중 씨는 기반이 전라도라 그것만 가지고는 절대로 대통령이 될 수 없다고 항변하는 사람이 많았다. 물론 이들이 손쉽게 대통령이 된 것은 아니다. 박정희 후에도 두세 명의 대통령을 거친 다음에야 가까스로 이 두 분이 대통령이 되었으니 말이다. 이것을 볼 때마다 나는 이 두 분의 강인한 생명력과 정치력에 감탄하곤 했다. 이런 사진 하나만 놓고 보아도 윤보선이나 그의 집이 한국정치사에서 어떤 역할을 했는지 알 수 있을 것이다.

7) 이 사진은 저작권 때문에 싣지 못했다. 그러나 인터넷에서는 쉽게 찾을 수 있다.

안채

이제 안채로 가보자. 안채는 ㄱ자로 되어 있는데 특징
이 있다면 누마루가 있다는 것이다. 누(루)는 원래 남성들
의 공간인 사랑채에 설치하는 게 관행인데 이 집은 안채에
만들었다. 그래서 위엄이 느껴진다. 이 안채에는 방 세 개
와 부엌이 있다고 한다. 십여 년 전에 딱 한 번 이 안에 들
어가 본 적이 있는데 지금으로서는 거실만 생각나고 나머
지는 기억이 안 난다. 인척의 결혼식이 끝나고 뒤풀이를
이 집에서 했는데 사람들이 너무 많이 몰려간 터라 집 구
경을 제대로 하지 못했다. 지금은 누마루를 안방으로 쓰고
있다고 한다. 이 집은 안채라고 하기보다 완결된 건물로서
의 이미지가 강하다. 그렇게 보이는 이유 중의 하나는 유

북촌의 유일한 전통 사대부 집, 윤보선 가옥과 그 주변에서

리문을 단 때문일 것이다. 안채는 보통 대청마루가 공개되어 있어 매우 개방적인데 이 집은 이 마루를 모두 막고 문까지 달았으니 한 채의 집처럼 보이는 것이다.[8)

그런가하면 외벽을 붉은 벽돌로 마감한 것도 그런 느낌을 준다. 벽돌로 벽을 쌓았기 때문에 흡사 집 한 채처럼 보이는 것이다. 벽돌은 원래 한옥에는 잘 쓰지 않는다. 추측컨대 추위 때문에 이 소재를 고른 것 아닌가 하는 생각이다. 이 같은 모습은 북촌의 많은 한옥에서 보았다. 외벽을 벽돌로 처리한 것이 그것인데 보기는 좋지 않지만 거기에 사는 사람들은 추우니 어쩔 수 없었을 것이다. 한옥은 봄 가을에는 생활하기 편하지만 여름에는 덥고 겨울에는 추운 단점이 있다.

이 집의 벽돌은 1960년경에 개수하면서 쌓았다고 한다. 집을 이렇게 대대적으로 바꾼 것은 윤보선이 이곳에서 한때 집무를 보았기 때문이라고 한다. 윤 대통령은 이곳에서 집무도 보고 사람도 만나기 위해 집의 형태를 이렇게 바꾸었다는 것이다. 이 집에는 그가 썼다고 전해지는 '경천효친(敬天孝親)'이라고 쓰여 있는 현판이 있다.[9) 이 문구는 추

8) p.56의 사진을 보면 안채에 유리로 된 창호가 보이지 않는다. 이것은 개비 이전의 안채 모습일 것이다.

9) 그 옆에는 '국태민안(國泰民安)'이라는 현판도 있다.

안 사랑채로 들어가는 문

측컨대 기독교와 유교의 모토를 합한 것 같다. 경천이라는 문구로 '하나님' 섬기는 것을 나타냈고 효친이라는 문구로 양친에 대한 효도를 강조했기 때문이다. 윤보선은 사대부 가의 자손이니 효를 중시하지 않을 수 없었을 것이고 동시 에 개신교 신자였으니 하나님도 잊어서는 안 되었을 것이 다. 그런 생각 끝에 나온 표어가 이것 아니었나 하는 추측 을 해본다.

　마지막 건물은 별당으로도 불리는 안사랑채다. 이 집은 윤보선 가옥의 전체 건물 중 밖에서 지붕이나마 보이는 유 일한 건물이다. 이 건물이 담에 가까이 붙어 있어 지붕이 보이는 것이다. 이 집의 구조가 어떻고 뒤에 후원이 있다는 등의 설명은 우리에게 별 의미 없다. 전혀 보이지 않기 때문이다. 내가 이 집을 방문했을 때에도 이상하게 이 건물로는 가보지를 않아 이 집에 대한 기억은 없다. 나중에 조사해보고 안 것은 김옥균이 박영효에게 써주었다고 전해지는 글씨[10]가 이 건물에 걸려 있다는 것인데 사진으로만 확인할 수 있었다. 이전에는 담 너머로 농구대가 보였는데 언제부터인가 사라졌다. 이 집에 가면 어떻게든 집 안을 들여다보려고 담 앞에 있는 돌 위에 올라가 보기도 하는데 그래도 잘 보이지 않았다. 그렇게 내가 낑낑대고 있자 또 재빠른 제자 하나가 이 집 안을 다 볼 수 있는 장소를 찾아냈다. 참으로 기민한 친구였다. 그 지점을 여기에 밝히면 좋겠지만 이 집에는 가족들이 살고 있으니 알리지 않는 것이 예의일 것이다.

양반들이 세운 교회를 둘러보며   이 집 앞에서 지금까지 행한 설명을 다 하기는 어렵다. 남의 집 대문 앞을 점령하고 계속해서 떠드는 것은 실례이기 때문이다. 그래서 보통 때에는 사진만 몇 개 보여주고 간단하게 설명한 다음 자리를 뜬다. 자리를 뜬다고 했지만 우리가 다음으로 볼 것은 이

---

10) 진충보국(盡忠報國)이라는 글씨가 새겨진 현판이 있다고 한다.

안동 교회 정경

집 바로 앞에 있는 안동(安洞) 교회이다. 이 교회는 윤보선이 부친과 함께 다니던 교회이기 때문에 항상 거론된다.

이 교회는 1909년에 세워졌다고 하니 2019년 현재 역사가 110년이나 되는 아주 오래된 교회다. 나는 이런 교회를 볼 때 마다 공연히 하는 말이 있다. 서울에서 이름에 '동'자가 들어간 교회들은 다 역사가 오래된 것이라는 것이다. 정동 교회가 그렇고 경동 교회, 연동 교회, 승동 교회 등이 그런데 물론 '동' 자의 한자가 다 같은 것은 아니다. 이 안동 교회의 특이한 점은 조선의 양반들이 미국 선교사의 도움 없이 자생적으로 만들었다는 점이라고 한다. 그리고 초대 목사는 평양신학교의 최초 졸업생인 한석진이었

정면에서 바라본 안동 교회

는데 윤보선의 부친인 윤치소는 이 한 목사가 있을 때 이 교회의 교인이 된다. 윤치소는 신앙이 매우 깊어서 그의 자식 9남매와 그 자식들을 모두 이 교회의 교인으로 만들었다고 한다.

자료를 조사하면서 보니까 한석진 목사는 보수적이 될 수 있는 양반 교회를 매우 혁신적으로 이끌었다고 한다. 남녀 자리를 구분하기 위해 예배당 한 가운데에 쳐놓은 휘장을 없앤 것이 그 대표적인 예이다. 이런 이야기를 하면 어린 학생들은 믿기 어렵다는 표정을 짓는다. 지금은 상상도 안 되는 일이지만 1960년대까지만 해도 그런 교회들이 꽤 있었던 모양이다. 나는 그런 광경을 직접 보지는 못했고 사진으로만 확인했을 뿐이다. 이것은 충분히 있을 수 있는 일이다. 당시 한국 사회는 유교의 남녀유별 교의가 시퍼렇게 살아 있었을 터이니 이렇게 하지 않을 수 없었을 것이다.

이 교회를 볼 때 마다 다소 안타까운 것은 1913년에 완성된 교회 건물이 없어졌다는 것이다. 이 건물은 선교사들의 도움을 받지 않고 한국인들에 의해 지어진 한국 최초의 교회 건물이라고 하는데 1979년에 헐고 지금 있는 새 건물을 지었다고 한다. 나는 원래의 건물을 사진으로만 보았는데 분명 많이 낡고 비좁은 것처럼 보였다. 그러나 그 건물을 살리면서 새롭게 지을 수 있는 방법은 없었는지 안타깝기만 하다. 지금 같으면 어떻게든 옛 건물을 살리자고 했을 텐데 1970년대 한국인들의 역사문화 의식은 그다지 높지 않았을 터라 그냥 부숴버린 모양이다. 이 교회 앞에는 소허당(笑虛堂)이라는 이름을 가진 작은 한옥이 있다. 이 현판의 글자는 추사의 글씨를 모아서 만들었다고 하는데 이 집은 작은 문화 강좌를 하거나 차를 마시는 용도로 쓰고 있다고 한다.

윤보선을 감시하는 건물이 이곳에? - 명문당 출판사 앞에서
이제 우리는 윤보선 가옥을 뒤로 하고 다른 장소로 가려고 하는데 또 우리의 눈을 자극하는 건물이 있다. 5층으로 된 건물인데 지금 보아서는 그것이 무슨 건물인지 잘 알 수 없다. 이 건물의 정체를 말하면 '명문당'이라는 아주 오래된 출판사의 건물이다. 2016년까지 이 건물은 사진에서 보는 것처럼 기형의 건물이었다. 그리고 1층에는 명문당이라는 옛 간판도 걸려 있었다. 이 건물은 좋게 말하면 고풍스럽다고 할 수 있겠지만 그보다는 '그로테스크'하다고 하는 게 더 적절한 표현일 게다. 원래는 건물이 이처럼 아주 남루했는데 지금은 멀쑥하게 바뀌었다.

이 명문당은 나 같은 60대 이상에게는 꽤 친숙한 출판

명문당 원래 모습

사다. 왜냐하면 내가 어릴 때인 1960년대부터 이 출판사의 책을 많이 보아왔기 때문이다. 이 출판사를 생각할 때 가장 먼저 떠오르는 이미지는 이 회사가 해마다 출간하는 '만세력'이나 '토정비결' 같은 책이다. 아니면 사주에 관한 책이나 천자문 등 '동양학', 더 좁혀서 말하면 점복에 관한 책을 내는 출판사라는 이미지가 강하다. 이 출판사는 한국에서 가장 오래된 출판사 중 하나이다. 일제기인 1926년에 '영산방'이라는 이름의 출판사로 시작하여 1930년에 '명문당'이라는 이름으로 바꾸어 오늘날에 이르렀으니 그 역사가 근 백 년이 되는 것이다.

사실 이 출판사가 점복에 관한 책만 낸 것은 아니다. 역사가 유구한 만큼 동양고전이나 자전, 사전 등 매우 다양한 종류의 책을 출간했다. 출판사 홈페이지를 보면 약 1,700 종류의 책을 냈다고 하니 그 규모를 알만 하겠다. 그러나 우리끼리는 농담 삼아 이 출판사는 매년 베스트셀러로 기록되는 책을 출간하기 때문에 이렇게 오래 세월을 버틸 수 있었다고 말한다. 만세력 혹은 택일력[11], 토정비결 같은 책들이 그것이다. 이 책은 해가 바뀌면 새로 나와야 하고 그 분야에 종사하는 사람들은 반드시 그 책을 사

---

11) 이 책에는 음력과 절기가 나와 있어 농사 짓는 사람에게는 필수라고 한다.

서 보아야 하니 상시 베스트셀러가 아니겠냐는 것이다. 이런 설명을 해주면 학생들은 실감이 안 나는지 그다지 귀담아 듣지 않는다. 어린 학생들로서는 만세력 같은 책이 어떤 것인지 모르니 어쩔 수 없는 일일 것이다.

그런데 여기서는 이 출판사에 관한 이야기가 주류가 아니라 이 건물이 과거에 어떤 용도로 쓰였는지에 관한 것이다. 조금만 주의해서 생각해보면 출판사 건물이라는데 왜 5층까지 있는지 의심해볼 만하다. 5층이라고 하지만 균일하게 올라간 것이 아니라 덧붙인 것 같은 인상이다. 이 집의 윗부분은 박정희 정권 시절 당시 야당의 핵심이었던 윤보선을 감시하기 위해 세운 망루라고 할 수 있다. 격식 있게 말하면 공안 가옥이고 쉽게 말하면 감시 초소라고 할 수 있겠다. 이 초소가 지어진 것은 1967년의 일이라고 한다. 당시 박정희는 윤보선과 대통령 선거에서 맞붙었는데 이 집에 누가 드나드는지를 감시하기 위해 세웠다고 한다. 당시에는 이런 일이 비일비재해 전혀 이상한 일처럼 느껴지지 않았다.

그런데 답사를 다니면서 이 근처에 사는 분들의 생생한 증언을 들어보니 처음에는 4층까지만 지었다고 한다. 이것을 본 윤보선은 집 내부가 보이지 않게 나무를 심었다고 한다. 이 때문에 집 내부가 잘 보이지 않자 당국은 한 층을

명문당의 현재 모습

더 올려 5층이 된 것이라는 것이다. 사정을 들어보니 이 집
이 그로테스크하게 된 정황이 이해되었다. 그때그때 땜빵
으로 짓다 보니 아주 이상한 건물이 된 것이다. 당시에는
종로경찰서 정보계 형사들이 이 건물에 상주했고 데모대
들도 자주 몰려와 이곳이 꽤 붐볐던(?) 모양이다. 그러다가
1980년 어느 날 새벽 대통령에 당선된 전두환이 윤보선을
찾아온 모양이다. 그랬더니 그 다음 날부터 경찰이 완전히
철수했다고 한다. 전두환이 윤보선을 만났으니 그에 대한
경계가 줄어들었던 모양인데 자세한 것은 알 수 없다.

　이런 여러 의미에서 보면 이 집은 한국 근현대 정치사적
으로 꽤 의미 있고 재미 있는 건물이다. 그래서 서울시는
2012년에 이 건물을 미래문화유산으로 지정하려고 계획
을 추진했는데 명문당 측의 반대로 무산된다. 그래서 아쉽
기는 하지만 건물주의 입장도 이해되지 않는 바는 아니다.
그런 식으로 유산으로 지정되면 건물의 개축 등이 어려워
지니 사적 재산권을 마음대로 발휘할 수 없게 된다. 그러
면 그 기형적인 외모를 그대로 갖고 가야 하니 건물주가
좋아할 리가 없지 않은가. 어떻든 이런 과정 끝에 이 건물
은 지금처럼 바뀌었고 예전 모습은 찾아볼 길이 없어졌다.
이에 대해 어떤 건축평론가가 내놓은 평을 들어보며 이 건
물에 대한 설명을 마쳐야겠다. 이주연 씨는 이 건물에 대

해 "명문당 사옥은 한국 정치사의 질곡을 상징하는 유산으로, 상층부에 초소 같은 외양의 구조물을 계속 쌓아올린 공안가옥의 기형적 이미지가 강한 인상을 주었던 건물"이라고 평을 했다.[12]

이제 정말 윤보선 가옥을 떠나려 하는데 가면서 잠깐 들여다 볼 집이 있다. 윤보선 가옥 담을 끼고 조금만 더 북촌 안으로 걸어가다 보면 2019년 3월 현재 티테라피라는 전통 찻집이 있는 것을 발견할 수 있다. 이 집은 손님들에게 심리테스트 문진표를 작성하게 해 자신에게 맞는 차를 골라주는 매우 독특한 찻집이다. 또 발을 데울 수 있는 족욕대도 있는 등 매우 이색적인 찻집인데 요즘은 이 족욕대가 고장이 나 치워버린 상태이다. 그래서 어떻게 됐는지 그 연유를 물어보니 고장이 나서 고치고 있는 중이란다. 그런데 우리가 보려는 것은 이 찻집의 메뉴나 특징에 대한 것이 아니라 이 집에 관한 것이다. 이 집은 윤보선 집에 붙어 있던 행랑채였다고 한다. 이 행랑채에는 이 집에서 근무하던 사람들이 살았다. 이런 큰 집을 관리하려면 사람들이 적지 않게 필요했을 터이고 그런 사람들이 이 집에서 살았던 것이다. 그런데 윤보선 가옥이 명망 있고 규모 있는 저

12) 2016년 6월 10일 자 한겨레신문

윤보선 가 행랑채

행랑채 천장 모습

북촌의 유일한 전통 사대부 집, 윤보선 가옥과 그 주변에서

택이라 그런지 이 집도 범상치 않다.

나는 사람들에게 차를 마시지 않더라도 이 안에 들어가 천장을 보라고 하는데 한 눈에 보아도 이 집은 집장사 집이 아니라는 것을 알 수 있다. 물론 서까래를 윤보선 본가처럼 비싼 나무를 쓴 것은 아니지만 나름대로 좋은 나무를 쓴 것을 알 수 있다. 또 서까래를 엮은 구조도 흔히 발견되는 식이 아니고 조금 독특하게 되어 있다. 게다가 천장이 높아 시원하기까지 하다. 이 집을 보고 있으면 본가가 대가이면 그것에 붙어 있는 집도 이 정도는 되는구나 하는 느낌을 받는다.

이처럼 윤보선 가옥은 대가라 그런지 그 주변에 볼 게 적지 않아 시간이 지체된다. 사실 윤보선 가옥과 관련해 사안이 이것으로 끝나는 것이 아니다. 이 행랑채에서 조금 더 가다가 오른쪽 골목으로 들어가면 이전에 '아름지기'라는 재단법인이 사무실로 쓰던 작은 한옥이 나온다. 이 단체는 주로 옛 한옥을 보존하는 일을 하고 있다. 예전에는 이 집에 자주 갔기 때문에 그 집의 내력을 들을 수 있었는데 그 집 역시 윤보선 가에서 근무하던 하인이 살던 집이었다고 한다. 그런데 내가 이 집에 대해서 언급하지 않은 것은 이 집은 거의 새로 지었기 때문이다. 그래서 지금은 윤보선 가와 관계가 없어졌다. 이 집이 아름지기의 사옥으

로 쓰였을 때는 개방되어 있어 자주 이용했는데 이제는 그럴 수 없으니 아쉽다.[13]

지붕 위에 웬 한옥이?　이것으로 윤보선 가옥의 답사는 정말로 끝이다. 이제 우리는 북촌의 또 다른 스타 한옥인 백인제 가옥으로 간다. 그리로 가는 데에는 지름길이 있다. 안동 교회 어린이집 골목으로 들어가면 된다. 자세한 길은 글로 설명해봐야 알 수 없으니 생략하기로 하자. 각자가 전화기에 지도를 띄워 놓고 가면 되겠다. 그런데 그리 가다 보면 현대식 건물 위에 웬 한옥 정자 같은 게 하나 있는 것을 발견할 수 있다. 이 집은 정신 차리고 가지 않으면 그냥 지나치기 십상이다. 이 집은 '현대 카드 디자인 라이브러리'라는 곳이다. '현대'라는 말 빼고는 모두 영어다. 이 집은 디자인 전공자들에게는 독보적인 곳인 모양이다. 왜냐면 디자인과 관련해 매우 귀한 책 1만 6천여 권이 소장되어 있기 때문이다. 디자인을 전공으로 하는 사람들이 여기에 오면 '디자인에 몰입하고 또 영감을 얻을 수'[14] 있다

13) 이 단체의 사무실은 현재 경복궁 서문(건추문) 앞에 있는데 실내에 한옥 한 채를 만들어 놓아 한옥의 아름다움을 소개하고 있다. 예약을 하면 언제든지 방문할 수 있다.

14) 파이낸셜 뉴스 2018년 11월 23일 자

고 한다. 특이한 것은 아주 귀한 외국 잡지를 소장하고 있다는 것인데 "도무스" 같은 잡지가 그런 것인 모양이다. 이것은 이탈리아에서 발행된 건축전문잡지라고 하는데 이 도서관에는 1928년에 발간된 창간호부터 모든 잡지가 다 갖추어져 있다고 한다. 나는 디자인이 전공이 아니니 그리 관심이 가지 않지만 전공자들에게는 실로 좋은 자료일 것으로 생각된다. 그런데 이곳은 철저하게 회원제로 운영되고 있어 접근성이 떨어진다. 현대 카드를 소지한 사람만이 들어가니 말이다.

내가 이 집을 거론한 이유는 디자인 도서관과 관계된 것이 아니라 이 집의 외모 때문이다. 이 집을 지날 때 마다 나는 왜 양옥 위에다 한옥 비슷한 것을 올려놓았나 하고 궁금했다. 그래서 그 건물의 관계자에게 물어보았더니 자세한 내막은 알지 못하고 무슨 건축상을 받았다는 이야기만 들을 수 있을 뿐이었다. 할 수 없이 직접 자료를 찾을 수밖에 없었는데 자료 찾는 일이 쉽지 않았다. 그렇게 해서 발견한 자료에 따르면 이 집은 기존의 화랑을 최욱이라는 건축가가 새로 개축한 것이다. 이 건물의 특징을 한 마디로 하면 사랑채를 건물 3층에 올리고 검은 전돌로 벽을 만들고 콘크리트 패널(널빤지 같은 것)을 병치한 것이라 한다. 그래서 이 북촌의 한옥 전통과 현대의 건축을 과감하게 융합했다는 것이다. 그런데 많은 경우에 건축가들의 문장을 읽어보면 일단 어렵고 너무 추상적이다. 얼마든지 쉽게 쓸 수 있는데 이상하게 어렵게 써서 꼭 문장을 두세 번 읽게 만든다. 이것은 내가 건축 전공자들의 글을 읽을 때마다 느끼는 것인데 본인들은 그 사실을 잘 모르는 것 같다. 어떻든 이 건물 안의 디자인에 대해서 더 관심 있는 사람은 이 기관의 홈페이지에 가서 참고해주기 바란다.

내가 이 건물에서 관심이 가는 것은, 바깥에서 볼 때 여기에 있는 한옥이 양옥과 어울리는지에 대한 것이었다. 뜬금없이 웬 누각 같은 한옥이 양옥 지붕에 있으니 지날 때마다 이상했던 것이다. 또 이 한옥을 사랑채라고 부르는데 웬 사랑채가 누각으로 되어 있나 하는 의문도 들었다. 밖에서 보기에는 기발한 설계로 보이지 않았다. 한옥과 서양 건물이 따로 노는 느낌이었다. 그렇지만 그냥 서양식 건물만 있는 것보다는 낫게 보였다.

그런데 건물이라는 것은 밖에서만 보아서는 안 되고 안에 들어가서 보아야 하니 들어가 보지 않을 수 없었다. 그래서 마음을 크게 내어 건물 안으로 들어가 보니 내부는 완전히 다른 공간이었다. 이 내부 공간에 대한 설명은 말이 짧아 할 수 없으니 이 한옥에 대해서만 보기로 하자. 이 한옥이 있는 3층에 가서 보니 이 집이 참으로 멋있게 보였

현대 디자인 라이브러리

다. 이 집 사이로 북촌이 보이고 뻥 뚫린 하늘이 보여 시원한 느낌이었다. 설계자는 이런 느낌을 주려고 이 한옥을 만든 것 같은데 본인에 직접 물어보면 다른 답이 나올 수도 있겠다는 생각이다. 이 집에 대한 것은 이 정도의 설명으로 마치는데 이 건물은 북촌에서 한옥과 양옥의 융합을 시도한 건물로 드문 경우라 한 번 거론해 본 것이다. 이제 정말로 백인제 가옥으로 가자.

현대 디자인 라이브러리의 여러 모습

사랑채

내부 모습

북촌의 유일한 전통 사대부 집, 윤보선 가옥과 그 주변에서

사랑채 내부

중정

일제기의 근대 한옥을 찾아서 - 백인제 가옥

백인제 가옥 대문 앞에서　안동 교회 어린이집을 지나 왼쪽으로 꺾으면 바로 백인제 가옥이 나온다. 그런데 백인제 가옥 바로 옆에 꽤 규모가 있는 한옥 하나가 있다. 이 집은 한국 10대 재벌 회장 중 한 사람이 살고 있는 집이라고 한다. 재벌 집치고는 작은 느낌이 드는데 그것보다는 정말 그 회장이 이 집에 살고 있는지 궁금했다. 재벌 회장이 이렇게 작은 집에 살 것 같지 않아서 그런 의문을 가졌던 것이다. 그런데 일전에 그 재벌 회사에서 일하는 임원을 만난 김에 물어보니 회장이 살고 있다고 확인해주었다.

이제 우리는 백인제 가옥이라 불리는 큰 집 앞에 서 있다. 이 집도 앞에서 본 윤보선 가옥처럼 많은 이야기를 담고 있다. 이 집이 있다는 소리는 이전부터 들었지만 개인 소유라 들어가 볼 도리가 없었다. 그러다 서울시가 이 집을 2009년에 매입하게 되는데 그 뒤로는 크게 수리를 하느라 또 볼 수가 없었다. 우리가 이 집을 자유롭게 관람할 수 있게 된 것은 2015년 11월 이후의 일이니 얼마 되지 않았다. 대대적인 개수(改修)를 하느라 시간이 많이 걸렸지만 이제는 아무 때나 가서 볼 수 있는 우리의 자산이 되어 반갑기 그지없다.

개수하는 과정에서 원형이 손실되었다는 이야기도 있지만 그것은 전문가들이 알아서 하면 되는 것이고 이런 고급한옥을 아무 때나 와서 공짜로 볼 수 있는 것이 실로 좋다. 앞에서 계속해서 말했지만 이 북촌에는 들어가 구경할 만한 한옥이 거의 없다. 그래서 사람들을 이끌고 안내를 할 때에 무색할 때가 많았다. 그 많은 한옥을 밖에서만 보는 것으로 끝내야 하니 말이다. 그러나 이 집이 개방된 뒤로는 자신 있게 이 집을 안내해 줄 수 있어 마음이 훨씬 가벼워졌다.

이 집의 연원은 전화기 두들기면 금방 나오니 여기서 자세히 말할 필요 없겠다. 이 집을 지은 사람은 이완용의 외조카라고 하는 한상룡(1880~1947)인데 이 사람에 대해서는 졸저 『동북촌 이야기』에서 이미 상세하게 설명했다. 이 작자도 친일이라면 한 친일했는데 직책이 한성은행 전무였다고 하니 그 친일의 정도를 알만 하지 않겠는가.[15] 돈도 꽤 많았던 모양이다. 이 큰 집을 짓기 위해 이 주변의 한옥을 12채나 샀다고 하니 말이다. 그리고 그 부지에 1913

○○○○○○○○○○○○○○○○○○○○○○○○○○○○○

15) 한상룡이 한성은행에만 관여한 것이 아니라 동양척식주식회사나 조선신탁 주식회사 등 각종 금융업을 휘젓고 다녔고 수많은 회사에도 관여했다고 한다. 일제에 충성함으로써 귀족 작위까지 받았고 당시 조선 재계의 거두로서 막강한 세력을 휘두르고 있었다.

년에 이 대저택을 지은 것이다.

지금은 대지가 약 750평이라고 하는데 원래는 이보다 더 넓었다(건평은 110평). 그래서 1913년 처음에 건축했을 당시의 도면을 보면 대지가 지금보다 더 넓었고 대문의 위치도 다르게 나타난다. 이 도면을 보면 대문이 지금보다 오른쪽으로 가야 한다. 지금으로 치면 바로 옆에 있는 재벌 회장 댁 안에 그 대문이 있었을 것이다. 그리고 그 대문 안으로 들어오면 손님채라는 별개의 건물이 있었다. 이 대문과 손님채가 있던 영역은 현재 다른 집이 들어와 있어 이 집과는 아무 관계가 없다. 그래서 이 영역까지 포함하면 전체 대지가 약 900평쯤 되는 모양이다. 지금 우리가 서 있는 곳은 원래 이 집의 영역이 아니었다. 이 영역은 이 집의 두 번째 주인인 최선익이 1935년에 매입한 것이라고 한다. 그리고 그가 대문의 위치를 현재의 자리로 바꾸었다고 한다.

다시 이 가옥의 역사로 돌아가면, 1923년에 한성은행이 부도가 나면서 한상룡의 재정 상태가 좋지 않게 된다. 그는 이 사태를 타개하고자 이 집의 소유권을 1928년 한성은행에 양도한다. 그리고 자신은 앞의 책에서 말한 것처럼 동북촌에 있는 일명 '한씨 가옥'으로 이주하게 된다. 그 다음에는 앞에서 본 것처첨 1935년 조선중앙일보 부사장이었다는 최선익이라는 인물이 이 집을 구매했고 그 뒤에 당시 조선 최고의 외과 의사였다는 백인제가 1944년 이 집을 구입한다. 그리고 그가 백병원을 세운 것은 그로부터 2년 뒤의 일이다.[16] 그는 이 집이나 병원과 그다지 인연이 깊지 못했다. 1950년 전쟁 통에 납북되는 바람에 그는 이 집에 오래 살지 못했다. 그 뒤에 이 집에는 백인제의 가족들이 살다가 2009년 서울시에 매각하게 된다.

사정이 이러하기 때문에 황평우 씨 같은 이는 이 집을 백인제 가옥으로 부르는 것에 대해 반대한다. 백인제는 이 집에서 몇 년밖에 못 살았던 반면 이 집을 지은 사람이 명백히 한상룡이라는 것을 알고 있는데 왜 한상룡 가옥이라고 부르지 않느냐는 것이다. 이 의견은 일리가 있어 보이는데 지금의 문화재 정책으로는 문화재로 지정할 당시에 소유하고 있는 사람의 이름을 따 그 이름을 만드니 어쩔 수 없었을 것이다. 그러나 이 건물을 제대로 이해하기 위해서는 건물주가 친일한 사람이라는 것을 반드시 알아야 한다. 이 건물 안에는 일본 건축적인 요소가 많이 들어가 있기 때문이다. 그래야 또 이 한상룡이 그 뒤에 행한 행적도 이해할 수 있다. 그는 이 집을 완공하고 그해 초대 총독

16) 그의 이름을 딴 인제대학교 의과대학은 1979년에 개교한다.

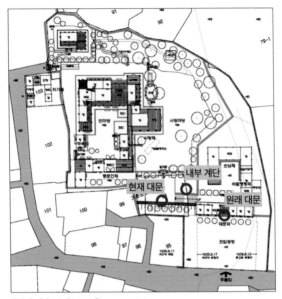

백인제 가옥 도면(1913년)

인 데라우치를 위시해 한일 고위 관리와 실업가 등을 초청해 파티를 열었고 그 뒤로도 계속해서 같은 일을 했다.

그 뿐만 아니라 석유왕 록펠러 2세가 내한했을 때에도 이 집을 방문했다고 하니 당시 그의 집이 명소처럼 알려져 있었던 모양이다. 데라우치가 왔을 때 찍은 사진은 지금도 전해지는데 한은 이 정도로 위세가 등등했던 모양이다. 당시 조선에서 가장 힘이 센 사람들을 집에 초청할 수 있었으니 한이 얼마나 힘이 센 사람이었는지 알 수 있겠다. 이런 것을 감안해서 보면 우리는 이 집이 그냥 정통 한옥이 아닐 것이라는 것을 예측할 수 있다. 그가 친일파 중의 친일파이니 만큼 그의 집에 일본적인 요소가 들어갈 것이라는 것은 얼마든지 예상할 수 있지 않겠는가? 이에 대한 자세한 설명은 곧 할 것이다. 이 집은 영화 "암살"을 찍은 곳으로 이름이 많이 나있는데 영화 안에서는 친일파로 설정된 강인국의 집으로 나온다. 영화 속 친일파가 진짜 친일파 집에서 연기를 하니 배경 설정이 아주 잘 된 것이라 할 수 있겠다.

이제 이 집안으로 들어갈 터인데 이 집은 그동안 많은 변화가 있어 일일이 그 변화를 다 설명하기가 힘들다. 그리고 그 모든 것을 보는 일은 번쇄해서 일반 독자들을 오히려 혼란에 빠트릴 수 있다. 따라서 현재 복원되어 있는 모습을 중심으로 보면서 옛 모습이 필요하다고 생각되면 부분적으로 설명을 시도하려고 한다.

백인제 가옥은 융합 가옥? 이 집은 앞서 말한 대로 전형적인 사대부가가 아니라 근대 한옥으로서 그 의미가 크다고 할 수 있다. 이 집은 물론 기본은 한옥으로 되어 있다. 그러나 한옥 양식에 일본식과 서양식이 상당히 많이 가미되어 있어 근대 한옥이라고 부를 수 있을 것 같다. 첫눈에는 이 집이 한옥 기와집처럼 보이지만 하나씩 뜯어보면 일반 한옥에서는 보이지 않는 요소가 많이 발견된다.

이 집은 대문부터 비한옥적인 요소를 갖고 있다. 내가 과문한 탓이겠지만 이 집을 설명한 자료들을 보면 이 대문의 기이성에 대해 언급한 자료를 아직 보지 못했다. 이 문은 외양만 솟을대문이라는 한옥의 양식을 가져왔지 그 콘셉트는 한옥의 건축 정신에 위배된다고 할 수 있다. 나는 이제껏 보아온 한옥 가운데 대문을 이렇게 높은 데에 건축하고 가파른 계단을 놓은 것을 본 적이 없다. 한옥은 겸허한 건물이기 때문에 이런 식으로 대문을 높은 데에 설치하지 않는다. 왜 이런 식으로 대문을 만들었는지 그 의도가 궁금하다. 흡사 궁궐을 들어가는 것 같은 느낌이다.

그런데 앞에서 잠깐 언급한 것처럼 1913년에 완성된 집의 도면을 보면 원래 있던 대문 앞에는 계단이 보이지 않는다. 계단은 이 대문을 거쳐 집에 들어온 다음 왼쪽으로 꺾어야 나온다. 그리고 그 계단을 올라가면 사랑채 담장이 나온다. 지금의 계단은 최선익이 만든 것이라고 한다. 그가 대문을 옮기면서 한옥의 건축 원리를 무시하고 대문을 높게 만든 것인데 이렇게 함으로써 이 집의 품격이 떨어지는 느낌이다. 대문을 옮기더라도 원래 것처럼 지상에 대문

백인제 가옥 정문

을 만들 수 있었을 텐데 왜 지금처럼 만들었는지 잘 모르 겠다. 그런데 해설사들의 설명을 들어보면 이에 대한 언급 이 없다. 이것은 중요한 문제라 이 집을 설명할 때 반드시 이에 대한 해명이 필요하다.

나는 이 계단에 또 다른 문제가 있다고 생각한다. 오르 고 내리는 데에 힘들고 위험할 수 있기 때문이다. 우선 나 이가 많은 사람은 이 계단을 오르내리기가 아주 힘들다. 난간이 없어 붙들 것도 없다. 게다가 눈이나 비가 오면 한 결 더 위험해진다. 60대 중반인 나도 이 계단을 오르내리 기가 힘든데 70~80대의 노인들은 어떻겠는가? 우선 대문 까지 오를 때에도 무릎을 잡고 올라가야지 그냥 오르는 것

백인제 가옥 사랑담장

은 조금 무리가 간다. 더 힘든 것은 이 계단을 내려올 때이다. 경사가 가팔라 나는 한 계단씩 내려와야지 연속적으로는 내려오지 못한다. 옆에 제자가 있으면 팔이라도 잡고 내려와야지 그냥 내려오면 영 힘들다.

어떻든 이렇게 해서 대문을 들어서면 서양식 건축물에서 영향 받은 것 같은 것이 나온다. 붉은 벽돌로 된 사랑담장이 그것이다. 이것으로 사랑채 공간과 대문을 분리한 것인데 원래 한옥에는 이런 양식의 담장이 없다. 한옥은 대부분 대문 바로 옆에, 혹은 대문을 들어서면 사랑채가 나오지 이처럼 담을 치지는 않는다. 왜 여기에 담을 만들어 놓았을까? 추측컨대 이 집을 지은 사람은 사랑채와 그 앞의 정원을 더 사적인 공간으로 만들고 싶었던 것 같다. 대문 옆에 있는 행랑채는 이 집에서 일하는 사람들이 사는 곳이다. 만일 이 담이 없다면 이 사람들이 왔다 갔다 하면서 사랑채에서 일어나는 일을 다 볼 수 있다. 이 집을 만든 사람은 자기의 개인 생활이 아랫사람들에게 노출되는 것을 싫어했던 것 같다. 그리고 자신도 아랫사람들이 왔다 갔다 하는 것을 보고 싶지 않았던 모양이다. 사정이야 어떻든 이 담장으로 인해 사랑채와 정원 공간은 한결 오붓해진 느낌이다.

사랑채 앞에서   우리 앞에 있는 건물은 사랑채인데 정확히 말하면 대청이라 할 수 있겠다. 이 건물을 위시해 이 집을 만들 때 사용한 목재는 최고급 재료로 압록강 변에서 나는 만주 흑송이라고 한다. 그런데 복원할 때에는 이 나무를 구하지 못해 홍송을 이용했다고 한다. 이 대청마루는 보통 한옥의 대청마루와 조금 다르다. 옛 한옥의 대청마루는 열린 공간으로 놔두지 이렇게 막아 놓지 않기 때문이다. 이 집의 대청은 세 면을 유리창으로 막아 놓았다. 이것은 명백히 비한옥적인 요소로 일제기에 들어온 양식이라할 수 있다. 이렇게 사랑채의 대청을 유리창으로 막은 것은 이 집에서만 발견되는 것은 아니다. 필자가 이전 저서

백인제 가옥 사랑채

에서 밝혔던 것처럼 정세권이 만든 개량 한옥에도 이 같은
요소들이 보인다. 정세권은 이 때문에 한옥을 변형시켰다
는 비판을 받았다고 했다.

이 대청마루라는 것은 한옥의 상징과 같은 것으로 참으
로 좋은 공간이다. 밖으로 개방되어 있어 아주 시원한 느
낌을 준다. 그래서 날씨가 춥지 않을 때에는 이곳에서 주
로 생활을 한다. 그러면 집에 있되 자연 안에 있는 느낌을
받아 아주 좋다. 그런데 문제는 겨울이 되면 이 공간은 거
의 죽은 공간이 된다는 것이다. 이곳에서는 사람들이 추워
서 어떤 일도 할 수 없다. 방문을 열고 나오면 바로 찬 바
깥이다. 집안이라고 하지만 그냥 바깥에 있는 것과 다름

없는 것이다. 정세권은 마루가 갖고 있는 이러한 한계를 누구보다도 잘 안 것 같다. 그래서 그 단점을 극복하고자 마루에 유리문을 달았다. 유리문을 설치하면 이 마루는 방과 바깥 사이에서 중간 공간 노릇을 할 수 있다. 따라서 겨울에 바깥의 추운 공기를 어느 정도는 막아 줄 수 있다. 그러면 방문을 열고 나왔을 때에 찬 공기를 직접 맞지 않아도 되니 조금은 따뜻하게 지낼 수 있다. 이 공간을 더 적극적으로 활용할 수도 있다. 여기에 난로를 설치하면 온방이 되어 어느 정도는 생활공간으로 쓸 수 있다.

이 집을 지은 사람도 이런 생각으로 이 사랑채 대청에 유리문을 달았을 것이다. 유리문이 좋은 것이 바로 이것이다. 찬 공기를 막으면서도 시야가 터지게 하는 것 말이다. 마루에 약간의 난방 시설을 하면 추운 겨울에도 마루에 앉아서 따뜻하게 정원을 감상할 수 있다. 그런데 이렇게 유리문을 달아 놓고 난방을 하더라도 아주 추운 겨울에는 찬 공기를 막기 어려웠을 것이다. 문틈으로 찬 공기가 들어오기 때문이다. 이것을 막으려면 커튼을 쳐야 하는데 이곳에 실제로 커튼이 있었는지는 확인할 수 없었다.

그런가 하면 한옥 전문가들의 말을 들어보니 이 집은 제작기법에서도 전통적인 양식을 따르지 않은 것이 있는 모양이다. 예를 들어 대들보와 기둥의 접합 부분을 만들 때

백인제 가옥 사랑채 대청마루

전통 한옥 기법을 따르지 않은 것이 그것이다. 이것을 훨씬 더 단순하게 처리했다고 한다. 전통 기법인 소매걷이나 도래걷이 등의 방법을 쓰지 않고 그냥 접합했다고 하는데 나는 이 방법을 동영상으로는 보았지만 이런 것은 말로 설명하기 힘들다. 이 집을 만들 때 이 부분의 접합을 일본식으로 간단하게 처리한 모양인데 일본식이 어떤 것인지 잘 모르니 정확하게 말할 수 있는 처지가 아니다.

이 대청은 큰 방과 붙어 있는데 이 방은 온돌이고 전통 사랑방 양식이다. 이 방에서는 바닥에 앉아 일을 보았을 것이다. 그런데 박상욱의 연구에 의하면 이 사랑채 영역은 한상룡이 서양식이 가미된 일본식 접객공간으로 만들었다고 한다. 이 방도 원래는 온돌이 아니라 다다미로 바닥을 깔았다고 한다. 그랬던 것이 지금은 한국식으로 바뀌어 있는 것이다.[17] 큰 방 옆에는 작은 방이 하나 있다. 이 방은 보조실 정도로 이해하면 되겠다. 우리의 눈을 끄는 것은 이 대청 옆에 붙어 있는 2층 건물이다. 이 건물은 한옥에서는 보기 드물게 2층인데 이것은 일본식 집을 흉내 낸 것일

○○○○○○○○○○○○○○○○○○○○○○○○○○○○○○○○○○○○

17) 이에 대해 자세한 것은 다음의 논문을 참고하면 되겠다. 이 논문은 인터넷에서 검색할 수 있다.
박상욱(2015), "가회동 백인제 가옥의 변화와 특성 재고", 『건축역사연구』, vol. 25, No. 5.

것이다. 그래서 그런지 2층은 바닥을 다다미로 깔았다고 한다. 이 건물의 1층은 건넌방인데 이 방과 사랑채의 작은 방 사이에는 복도가 있다. 이 방은 안채 대청에 바로 연해 있는데 백인제의 장녀가 이 방을 사용했다고 한다. 당시에는 피아노가 있어 피아노방이라고도 불렸다고 한다. 이 방에는 누가 붙어 있는 등 상당히 신경을 써서 만든 것을 알 수 있다. 바깥에서 보면 이 방이 그저 그렇게 보이지만 안에 들어가서 밖을 보면 정원이 매우 예쁘게 보인다. 해설사를 따라 이 집을 답사했을 때 이 방 안은 들어가서 볼 수 있었지만 2층 다다미방은 개방되어 있지 않아 직접 보지 못했다. 아마 여러 사람이 올라가면 위험할 수 있어 접근을 금지한 모양이다. 대신 그 올라가는 계단에 2층 방의 사진을 전시해 놓아 간접적으로 내부를 볼 수 있었다.

그런데 나는 이 건물에 대해서 궁금증이 있었다. 한 건물을 남녀가 나누어서 쓴다는 게 잘 이해가 안 되었기 때문이다. 2층은 다다미방을 만들어놓고 이 집의 남자 주인이 썼다고 하는데 그 아랫방은 비록 딸이지만 여자가 쓴다는 게 이해가 잘 되지 않아서이다. 그래서 해설사에게 한상룡이 살고 있을 때에는 이 아랫방에 누가 살았는지 아느냐고 물어보았다. 그랬더니 자신들은 이 집이 백인제 가옥이기 때문에 백인제나 그 가족들과 관계된 것만 다루지 그

백인제 가옥 건넌방의 누(樓)

전의 것은 다루지 않는다고 당당하게 대답했다. 그렇게 말하니 나는 더 이상 그와 대화를 진행할 수 없었는데 이 집을 설명하면서 한상룡을 배제하는 것은 한 마디로 언어도단이다. 이 집 구석구석에 그의 건축관이 스며들어 있기 때문이다. 그가 친일파였다는 사실을 명확하게 알아야 이 집의 구조나 내용이 설명될 수 있다.

앞에서 이 집은 일본의 건축 양식이 가미된 집이라고 했는데 현재 그것을 직접 볼 수 있고 가장 잘 느낄 수 있는 곳은 내부의 복도이다. 이 복도는 안채와 사랑채를 연결해 주고 있는데 우물 정 자 형의 한식이 아니라 '장마루'라 부르는 일본식 복도이다. 장마루라는 것은 별 게 아니고 그

백인제 가옥 복도

냥, 긴 나무를 붙여서 만든 마루를 말한다. 이 복도가 안채 마당을 둘러싸고 있어 안채와 사랑채가 직접 연결되어 있다. 이 같은 양식은 정통 한옥에서는 잘 발견되지 않는다. 남녀유별의 규범에 어긋나기 때문이다.

대청 오른쪽 옆에는 이전에 담이 있었던 것을 알 수 있다. 그 흔적이 보이기 때문이다. 이 담은 백인제의 가족들이 살 때 철거했다고 한다. 정원이 보이지 않아 답답해서 담을 없애버렸다는 것이다. 그래서 지금도 복원하지 않은 상태로 되어 있다. 그리고 그 끝머리에는 문이 있어 정원에서 별당으로 직접 갈 수 있게 해놓았다.

별당(채) 이야기 우리는 보통 이 문을 거쳐 뒤에 있는 별당으로 간다. 이렇게 말고 정원을 거쳐 별당으로 가는 방법도 있다. 이 건물을 보면 정말로 별당이라는 이름이 잘 어울리는 것을 알 수 있다. 대지의 맨 뒤에 있어 위치가 후미지고 담을 쳐 놓아 완전한 독립적인 공간으로 되어 있기 때문이다. 이 건물은 다른 건물보다 3m 정도 높게 지었기 때문에 건물 너머로 경성 시내가 다 보일 정도로 전망이 좋았다고 한다. 지금은 가서 보면 앞은 잘 안 보이지만 뒤쪽으로는 북촌이 아주 잘 보인다. 밖에서 잘 보인다는 것이 아니라 누마루 안에서 잘 보인다는 것이다.

백인제 가옥 별당

별당 천장의 부채꼴 서까래

별당 안에서 바라본 북촌

　나는 두세 번 이 안에 들어가 보았는데 멀리 이준구 가
옥이 보이는 등 경치가 좋기는 했는데 항상 아쉬움이 따랐
다. 한옥 사이로 영혼 없는 서양 건물들이 있어 원래의 빼
어난 경관이 산출되지 않았기 때문이다. 그래서 나는 이런
경치를 볼 때 마다 속으로 그래픽 디자인의 방식을 사용해
서 마음에 안 드는 건물들을 지우면서 본다. 보기 안 좋은
건물들을 마음속으로 지우면 어느새 한옥만 남는 조선말
로 거슬러 올라갈 수 있을까 하는 생각을 하면서 말이다.
그러면서 기를 쓰고 이곳이 조선말에 명망가들의 큰 기와
집으로 덮여 있을 때를 상상한다.

　이 누마루에 오면 해설사가 항상 하는 이야기가 있다.

이 집의 천장 구석에 있는 부채꼴 모양의 서까래가 그것이다. 서까래를 잘게 짤라 부채꼴 모양으로 붙여 놓았는데 보기가 상당히 좋다. 그러나 이렇게 처리하는 경우 돈이 많이 든다고 하는데 이 집 주인이 그 정도의 재력은 있었을 것이다. 이 누마루 옆에는 온돌방이 있고 독상들이 여럿 준비되어 있는데 이곳에서 차나 음식을 먹은 모양이다. 특히 추울 때에는 이곳을 많이 이용했을 것이다. 깨끗하고 좋은 공간이다. 이곳에서 먹거나 마시다가 누마루에 가서 시원하게 경치를 보면서 놀면 대단히 유쾌했을 것이다. 이곳에 가면 해설사가 사진 찍을 시간을 주는데 마루에 앉아 있는 것이 마냥 좋아서 가기 싫었던 기억이 난다.

이 건물을 떠나기 전에 해설사는 이 공간에 얽힌 재미있는 이야기를 잠깐 들려준다. 보다시피 이 별당의 담은 정독도서관에 바로 연해 있다. 담 너머로 한 건물이 보이는데 이것은 도서관의 식당 건물이다. 해설사 이야기는 이런 것이다. 백인제의 아들들이 이 도서관의 전신인 경기 고등학교를 다녔던 모양이다. 그런데 종종 늦으면 이 담을 넘어 학교에 갔다고 한다. 그렇게 가면 교실까지 5분이면 충분할 터인데 그렇지 않고 돌아서 교문으로 가면 적어도 15분은 걸린다. 우리가 왔던 길을 반대로 가서 학교 정문으로 들어간 다음 또 운동장을 지나가야 하니 시간이 그렇게

부엌 내부(위) 불 때러 들어가는 비좁은 입구(아래)

백인제 가옥 안채

걸릴 것이다. 그들은 매일 아침 이 담을 넘을 유혹을 어떻게 견뎠는지 궁금하다.

이렇게 보고 별당을 나오면 바로 오른쪽에 한상룡이 처가 식구들이 살게끔 지은 일명 처가채가 나온다. 한이 아주 극악한 친일분자이지만 처가에는 잘 한 모양이다. 처가를 위해 자기 집 안에 집을 지어주었으니 말이다. 이곳에 오면 또 공연한 호기심이 생긴다. 처가를 정말 위했다면 따로 집을 하나 사주지 왜 자기 집구석에다가 이런 집을 지어주었을까 하는 것이다. 사돈이라는 게 대단히 어려운 사이인데 어떻게 한 집에서 같이 살 생각을 했는지 그 사정을 알 수 없다. 그러나 이 집은 들어오는 대문을 따로 만

태극 문양과 완자무늬

드는 등 본채와 철저히 분리되어 있었다고 한다.

　이런 의문을 갖고 계단을 내려오면 바로 부엌을 만난다. 이 안에는 물론 아궁이가 있다. 나는 이런 아궁이가 있는 집에서 살았기 때문에 별로 신기하지 않지만 아궁이를 보지 못한 어린 세대들에게는 진귀한 풍경일 것이다. 그곳에는 불을 때기 위해 들어가는 좁은 통로가 있다. 그곳으로 내려가 불을 때는 것이다. 저렇게 좁은 데에 어떻게 들어가서 불을 땠는지 신기하기만 하다. 밖에서 보는 우리는 재미있지만 들어가서 불 때는 사람은 힘들었을 것이다. 그곳에는 또 온돌에 대해 설명해 놓은 판이 있는데 그 그림을 보면서 온돌에 대해 설명 듣는 것도 좋겠다.

안채 안에서   이곳에서 안채로 들어가면 안채 마당이 나오는데 여기에는 불을 방지하기 위해 세운 화방벽이 있다. 그 벽은 태극 문양과 완자무늬로 장식되어 있다. 특히 이 태극 문양은 왕실에서나 사용할 수 있는 것인데 원래는 일본에서 많이 쓰는 문양인 삼파문(三巴紋)이 있었다고 한다. 이 문양은 일본총독이 한에게 '하사'한 것이라고 하는데 후에 태극 문양으로 바뀌었다는 설이 있다. 여기는 태극 문양으로 바뀌었지만 사랑채의 윗부분에는 아직 삼파문이 그대로 남아 있다. 삼파문이 어떤 것인지 궁금한 사람은 사랑채 것을 보면 되겠다. 이런 문양 외에도 이곳에는 수부다남(壽富多男). 즉 장수와 부, 그리고 아들 많은 것을 바란다는 길상 문자도 표현되어 있다.

이 안채 안에는 안채 대청과 안방, 그리고 여러 방들이 있다. 이 방들은 이 집의 안주인과 며느리, 시어머니, 그리고 일하는 사람들이 사용했다. 해설사를 따라 다니면서 재미있었던 것은 안채 맨 끝에 시어머니 방을 꾸며 놓은 것이었다. 안방에 살다가 노년이 되면 살림을 며느리에게 맡기고 자신은 맨 끝에 있는 작은 방으로 물러났던 모양이다. 이 방을 보면 상당히 작은 것을 알 수 있는데 널찍한 안채 대청과 큰 안방에 살다가 이 방으로 오면 답답하지 않을까 하는 노파심이 든다. 그런데 시어머니가 꼭 그 방

백인제가옥 안채 대청마루

백인제 가옥 안채방과 보조방의 모습

에만 살았다는 것은 아니고 이 집의 식구들이 결혼이나
죽음으로 오고가고 했을 터이니 방의 용도는 달라질 수
있겠다.

　이 안채 역시 사랑채처럼 매우 격조 있게 지어져 있다.
대청에는 낮은 침상과 탁자가 있는데 이것이 원래 쓰던 것
인지, 아니면 원래 것은 아니지만 원래 것과 비슷한 것으
로 갖다 놓은 것인지 잘 모르겠다.[18] 전문가들의 말을 들
어보면 이 안채에도 일반 사대부가에서는 잘 발견되지 않

<hr />

18) 이 이외에도 이 집에는 많은 고가구들이 전시되어 있는데 이것은 제2대 소
유주인 최선익이 쓰던 것이라고 한다.

는 것들이 있다고 한다. 예를 들어 방을 겹겹이 만들었다는 의미에서 겹방 형식을 쓴 것이 그것이다. 안방 옆에 방을 만든 것인데 그 방은 보조 방처럼 쓰인 것 같고 그곳에는 다락으로 통하는 문도 있다. 이 다락은 이곳 말고 방에 연해 있는 복도에서도 올라갈 수 있는데 다락 위로 올라가는 것은 금지되어 있고 몇 계단만 올라가는 것이 허락되어 있었다. 그때 살짝 올라가서 그 안을 보니 상당히 넓었다. 부엌 위가 모두 다락으로 되어 있었던 것이다. 다락이 그렇게 큰 것을 보니 이 집이 부잣집이라 넣어두어야 할 물건이 많이 있었던 모양이다. 이 다락은 영화 '암살'에도 나와 유명하다. 이정재 배우가 숨어 있던 곳이 바로 이 다락이었다고 한다.

전문가들의 이야기를 들어 보면 이 안채의 대청 지붕은 원래 우물 정(井) 자처럼 생긴 격자 천장으로 되어 있었다고 하는데 지금은 그렇지 않다. 복원하지 않은 것이다. 천장을 이런 양식으로 만들면 서까래가 보이지 않게 된다. 우물천장은 그 모습에 격조가 있기 때문에 궁궐이나 사찰의 법당 등 권위를 지녀야 하는 건물에 주로 쓰였다. 따라서 우물천장은 천장의 양식 가운데 격이 대단히 높은 것이라는 것을 알 수 있다. 그래서 사대부집에서는 잘 쓰이지 않는다. 이 천장의 모습을 주위에서 관찰하고 싶으면 운현

우물 천장

궁의 노락당에 가면 된다. 그곳은 궁궐에 준하는 곳이라 이런 양식의 천장을 만든 것일 것이다. 원래 이런 식의 천장은 왕실 외에는 금했으나 일제기에 그런 제한이 사라지자 한상룡이 이것을 가져다 쓴 것이다. 자신의 권력을 과시하고자 그런 시도를 한 것일 게다.

그런데 복원할 때 이 우물천장을 살리지 않고 서까래가 훤히 보이는 연등천장을 썼다. 전문가들은 이 집의 주요 특징 중의 하나가 이 우물천장을 썼다는 것인데 이것을 복원하지 않은 것은 잘못된 것이라고 입을 모아 말한다. 그런데 이 천장을 복원하려면 돈이 많이 드는 등 쉽지 않은 모양이다. 우리는 이 안채의 지붕을 볼 때 그러한 사정을

백인제 가옥 안채의 중문 간채

생각하고 마음 속으로 우물천장을 상상하고 보면 되겠다. 이곳에 만일 우물천장이 있었다면 이 안채가 더 고급스럽게 보였을 것이다. 또 한은 이 집을 지을 때 높이가 3m가 넘는 기둥을 썼는데 이것은 운현궁의 기둥에 맞먹는 높이라고 한다. 기둥이 높으니 대들보도 일반 한옥보다 높게 위치하는 등 건물을 지으면서 여러 면에서 한상룡이 위세를 한껏 부린 것을 알 수 있다.

이 안채의 특징 중의 하나는 안채로 들어오는 문이 2중으로 되어 있다는 것이다. 그래서 중문 간채가 형성되었는데 이것은 안채의 행랑채로 보면 되겠다. 지금은 창고로 복원되어 있는데 원래는 방들이 있었다. 원래의 설계(1913

방공호 입구

년 설계)대로라면 이 행랑채에는 이 집에서 일하는 사람들이 살았을 것이다. 설계도를 보면 알겠지만 이렇게 함으로써 일하는 사람들의 거주 공간은 밖에서 보이지 않는다. 이들이 여기서 하는 행동들이 모두 문 사이에 있는 이 중문 간채 안에서 이루어지기 때문에 안채에 사는 지체 높은 사람들의 눈에는 띄지 않는다. 이들은 일하러 부엌 등으로 갈 때에만 주인들의 눈에 띌 뿐이다. 이들은 이처럼 간채라는 밝지 않은 공간에서 살아야 하는데 이것으로 보면 신분의 차가 꽤 있는 것을 알 수 있겠다. 이 간채 바로 앞에는 방공호가 있다. 이 방공호는 제2차 세계대전 당시 일제가 지시해서 만든 것이다. 비행기 공습을 피하기 위해 만든 것인데 공습이 없었으니 사용할 일이 없었을 것이다. 해방 뒤에는 술 창고로 쓰였다는 말이 있는데 포도주나 약술 등을 저장했다고 한다.

백인제 가옥 안채

高堂父母千年壽

遠市荃菀晉羿

耿北和家暢緲屋

백인제 가옥 이모저모

일제기의 근대 한옥을 찾아서 - 백인제 가옥

백인제 가옥 이모저모

일제기의 근대 한옥을 찾아서 - 백인제 가옥

백인제 가옥 장독대

북촌한옥길 언저리를 돌아보며

북촌한옥길 언저리를 돌아보며

북촌의 랜드 마크이었던 돈미 약국   이 정도면 백인제 가옥의 간편 답사는 다 끝난 것이다. 이제 우리는 북촌 안으로 들어가 북촌의 '메인 스트리트'라 할 수 있는 '북촌한옥길'로 가자. 그러려면 다시 북촌로 큰길로 나와서 조금 더 올라가야 한다. 그러면 곧 그 유명한 '돈미약국'이 나온다. (그런데 이 원고를 쓰는 중에 돈미 약국이 문을 닫았다. 2019년 6월 현재). 이 집은 북촌 가회동의 랜드 마크 같은 곳이다. 역사가 매우 길기 때문이다. 이 북촌은 상권이 지독히도 빨리 변해서 가게들의 명멸이 심하다. 불과 한 달 만에 가도 새로운 가게가 들어서 있는 것을 발견할 수 있다. 그런 환경인데 이 돈미 약국은 굳건히 그 자리를 지켰다. 그 역사를 계산해보니 50년 이상 된 것 같다. 2006년에 종로 세무서가 관할 구역 내에서 40년 이상 영업을 한 납세자들을 선정한 결과 50여 개의 가게가 추려졌는데 이 집이 그 중의 하나였다고 하니 말이다. 지금이 2019년이니 그런 계산이 나오는 것이다.

이 약국을 지날 때마다 주인 분을 면담하고 싶었는데 2016년 답사 수업을 하면서 마침내 뜻을 이루었다. 학생들을 종용해 약국에 들어가서 주인과 말씀을 나누라고 시킨 것이다. 이전 책에서도 밝혔지만 나 같은 '노땅'이 가서 면담하려고 하면 피면담자들은 일단 경계부터 하기 때문에 나는 이 일을 하지 않는 게 낫다. 그렇게 학생들을 보냈더니 마침 그 약국의 주인이자 약사인 정휘숙 씨가 이

돈미약국 주인

화여대 출신이었다. 그래서 손녀 같은 후배들이 와서 묻는 것에 대해 불쾌감을 느끼지 않고 답변을 잘 해주었다. 사실 약국에 와서 약도 사지 않으면서 이것저것 물어대면 성가실 텐데 어린 후배들이 오니 괜찮았던 모양이다.

정 씨의 말에 따르면 원래부터 자신이 이 약국을 운영한 것은 아니고 이전에는 그의 친구가 약사로 있었단다. 그러다 이 약국을 인수하게 되었고 그때 이름을 '돈미'라고 지었다고 한다. 사람들이 이 이름의 뜻을 많이 물어본다고 하는데 그럴 때 마다 농담 삼아 돼지(豚)의 꼬리(尾)라고 답한단다. 원래 한자로는 돈미(敦味)라고 쓴다는 설도 있는데 그 뜻은 '돈을 넉넉하게 모으라'는 것이란다. 그런데 이 의

미와 한자가 어떻게 연결되는지는 잘 모르겠다. 참고로 말하건대 이 약국 건물은 원래 것이 아니다. 1989년에 앞길 확장 공사 때 그 건물은 철거되었단다. 지금 건물은 그때 받은 보상금으로 정 씨가 지은 것이다. 현재 건물은 3층인데 1층은 약국으로 썼고 위의 층들은 주거용으로 사용하고 있다.

이제 이 골목으로 들어가자. 내가 이곳을 돌아다니기 시작한 것은 2000년대 전후인데 그때와 비교해보면 너무도 달라졌고 지금도 계속해서 달라지고 있다. 이 골목 입구에는 모래도 팔고 각종 건재들을 파는 가게가 있었고 그 안에는 작은 슈퍼가 있었는데 지금은 모두 관광객들을 위한 가게로 바뀌었다. 또 앞에서 말한 것처럼 그 가게들도 오랜만에 가보면 다른 가게로 바뀌어 있는 경우가 많았다. 내가 이곳을 처음 드나들 때에는 이곳에 현지 주민들이 많이 살고 있었다. 외지인은 별로 없었고 외국인은 아예 없었다. 외국인들 가운데에는 아주 가끔 드라마 '겨울연가'를 본 일본인들만 한두 명이 눈에 띌 뿐이었다. 아직 북촌 바람이 불기 이전이어서 당시 이곳에 오면 사람 사는 곳 같았다. 주민들도 많이 있었고 그 주민들을 대상으로 영업하는 가게들도 많았다. 그러다 이곳이 서울의 핫 스팟이 되면서 마을의 경광이나 형상이 바뀌기 시작했다. 외지

북촌한옥길

인들이 물밀 듯 들어오면서 집값이 뛰기 시작했고 관광객
들을 위한 많은 종류의 가게가 생겨났다. 이곳도 살펴보면
대부분 관광객들을 상대하는 가게들만 들어선 것을 알 수
있다.

북촌에서 가장 경치 좋은 곳, 혹은 핫 스팟으로   그래서 그런
지 나는 이 길가에 있는 가게들은 전혀 관심이 가지 않는
다. 그러니 가던 길이나 계속 가는데 우선 가고 싶은 곳은
북촌을 가장 많이, 그리고 제대로 볼 수 있는 곳이다. 이곳
은 이전에는 북촌 4경으로 불렸는데 지금은 그런 지정이
없어졌다. 이곳은 전망대 같은 데에 가지 않고도 북촌을

북촌한옥길 언저리를 돌아보며

이른바 북경 4경에서 바라본 북촌 모습

가장 잘 볼 수 있는 곳이다. 이전에 나는 이곳을 사진으로만 보았을 뿐 당최 그 지점을 찾을 수가 없었다. 북촌을 그렇게 쏘다니고 다녔는데 이 지점을 발견할 수 없었던 것이다. 그래서 그런지 관광객들도 이 지점을 잘 모른다. 그래서 이곳에 가 보면 항상 사람들이 없다. 나도 북촌을 몇 년을 다니다 2018년에 가까스로 이 지점을 발견했다.

이곳으로 가려면 이 골목길을 계속 가면 된다. 가다 보면 수명이 300년 이상 된 회화 나무를 발견할 수 있다. 그 나무 앞에 골목이 있는데 그리로 올라가다 오른쪽으로 나 있는 두 번째 골목으로 들어가면 지금 이 사진에서 볼 수 있는 광경을 만날 수 있다. 북촌의 여러 집들, 정확히 말해서 여러 집의 지붕이 보이는데 꽤 장관이다. 저 멀리 이준구 가옥도 잘 보인다. 북촌에서 이 집이 이렇게 잘 보이는 곳은 별로 없다. 북촌에서 이 정도의 경치를 볼 수 있는 곳은 여기뿐인데 문제는 담 위에 쇠창살이 있어 시야를 가린다는 것이다. 그래서 앞에 있는 집의 계단에 올라가 보기도 하는 등 여러 가지 시도를 해보지만 그리 나아지지는 않는다. 사진 찍을 때는 쇠창살 사이로 사진기를 집어넣고 찍기도 한다. 그러던 중 같이 갔던 제자 중의 한 친구가 이 쇠창살에 방해받지 않고 이 광경을 잘 볼 수 있는 지점을 발견했다. 여기 있는 집 가운데 어떤 집 앞의 계단으로 올라가면 되는데 그 지점을 글로 설명하기는 힘들다. 각자가 그곳에 갔을 때 찾아보면 되겠다.

이곳에서 꼼꼼히 보고 우리는 다시 왔던 길로 내려온다. 내려와 왼쪽으로 틀어 조금만 가면 그 유명한 북촌한옥길이 나온다. 이 길에 대해서는 설명이 필요 없을 게다. 북촌 골목길을 대표하는 길이니 말이다. 북촌을 소개할 때 이 길의 사진이 빠지는 적이 없으니 이 길은 북촌의 랜드 마크 같은 곳이라 하겠다. 나는 이 길에 있는 한옥들이 전혀 개수를 하지 않았을 때부터 다녔는데 지금은 꽤 많은 집들이 개수를 한 상태이다. 그런데 이렇게 고치니 깨끗해져 좋긴 하지만 그 디자인이 너무 천편일률적이라 유감이

북촌한옥길

다. 외벽이나 집의 모습이 다 똑같이 보여 그렇다는 것이다. 집집마다 특색이 있어야 하는데 그런 게 잘 보이지 않는다.

그런데 더 큰 문제가 있다. 이런 집들은 처음에는 깨끗하게 보일지 몰라도 세월이 갈수록 남루해진다. 과거의 전통 한옥들은 세월이 갈수록 더 고졸해져 보기가 좋은데 말이다. 이런 게 좋은 집이다. 양옥도 마찬가지이다. 사람이 살면서 연륜이 묻어나와 집이 더 품위가 있게 되어야 좋은 집인 것이다. 여기에 있는 한옥 가운데 1930년대에 지은 것들은 아직도 보기가 좋다. 특히 대문이 고졸하게 변해 품위가 있다. 그에 비해 요즘 지은 한옥들은 그리 좋게 보이지 않는다. 시간이 지나면서 나무들이 영 보기 좋지 않게 변했다. 나무의 색이 바라서 들떠 있다. 그리고 벌써 비 때문에 부식되기 시작한다. 그러니 집이 영 품위가 없어 보인다. 처음에는 예쁘게 보였던 미인이 세월이 지나면서 추하게 변하는 그런 꼴이다. 이것은 아마도 좋은 나무를 쓰지 않았거나 나무를 제대로 가공하지 않았기 때문일 것이다. 어떻든 집은 이렇게 지으면 안 된다. 특히 한옥은 세월이 갈수록 멋있는 집인데 여기에 새로 들어서는 한옥들은 그런 집이 별로 없어 안타깝다.

그런 생각을 갖고 이 골목에 있는 한옥들을 보면 되겠

'추원당' 현판이 걸려 있는 집

다. 이전에는 이 골목의 아래 위를 각각 북촌 5경, 6경이라고 불렀는데 지금은 그렇게 부르지 않는다. 사진은 알아서 찍으면 되는데 이전에는 위쪽에 포토 포인트를 표시해 놓았던 곳이 있어 사람들이 거기서 많이 사진을 찍었다. 지금은 그 표시가 없는데 어렵지 않게 그 지점을 찾을 수 있다. 그 지점에서 보면 이 골목에 있는 한옥들과 함께 남산과 남산 N타워, 그리고 시내의 고층 건물들이 모두 보여 장관을 이룬다. 그런데 요즘은 사람들이 많아 조용하게 볼 수가 없고 좋은 사진도 찍기 힘들다. 이 골목에는 잠깐 살펴 볼 집들이 있다. 그것만 보고 다음 장소로 가자.

북촌한옥길에서—몇몇 집을 돌아보며　여기 있는 몇몇의 한옥을 본다고는 했지만 모두 개방하지 않는 것이라 오래 볼 것은 없다. 우선 주목해야 할 집은 이 언덕 꼭대기 끝에 있는 집이다. 우리는 지금 이 언덕 위에 있으니 이 집은 바로 우리 앞에 있다. 꽤 오래된 집 같은데 안을 들여다 볼 수 없으니 확실한 것은 알 수 없다. 이 집은 내가 알기로는 어떤 백인이 소유하고 있다. 소유주가 백인이던 황인이던 관계없는 것이지만 이런 한국의 전통 마을에 외국인인 백인이 한옥을 소유하고 있어 그것이 재미있어 백인이라고 밝힌 것이다. 그래서 그랬는지 2019년 4월에 갔을 때 보니 백인 여성 2인이 문을 따고 들어가고 있었다. 열쇠로 현관을 열고 들어가는 걸 보니 주인인 모양이었다.

내가 이 집을 거론한 이유는 집의 건물에 대해 말하려고 하는 것이 아니다. 이 집은 어차피 들어갈 수 없으니 건물에 대해서는 별로 설명할 필요를 느끼지 못한다. 내가 거론하고 싶은 것은 이 집 대문에 걸려 있는 현판이다. 젊은 세대들은 한문을 모르니 이게 무슨 뜻인 줄 모를 게다. 이것은 추원당(追遠堂)이란 글씨로 '추원'의 사전적인 뜻은 '조상의 덕을 생각하여 제사에 정성을 다함'으로 되어 있다. 그러니까 이런 현판은 조상들의 위패를 모셔놓은 사당에 걸어 놓는 것이다. 따라서 이렇게 사람이 살고 있는 주택에는 절대로 걸어 놓아서는 안 되는 것이다. 이것은 사람이 사는 집을 사당이라고 한 것이니 문제가 심각하다고 하겠다. 어쩌다 이런 현판이 여기 걸리게 됐는지 궁금한데 어디 물어볼 데가 없다.

꼭두랑 한옥 등   이 골목의 중간에는 꼭두랑 한옥이 있다.(지금은 모두 철수해 꼭두랑이라는 현판도 사라졌다.) 이 집은 동숭동에 있는 동숭아트센터의 대표인 김옥랑씨가 꼭두 관련 물건을 전시하고 한옥을 보여주는 집이었는데 지금은 운영을 그만 두었다. 그곳에 있던 유물들은 동숭동에 있는 꼭두박물관으로 다 가져 갔다고 한다. 꼭두는 잘 알려진 것처럼 상여에 장식으로 달아 놓은 나무 조각상을 말한다. 목우(木偶)라고도 한다. 이 꼭두가 사람의 형상을 하고 있으면 목인(木人)이라고 한다. 이렇게 상여에 나무 조각들을 붙이는 이유는 쉽게 말해 망자가 저승길 가는 것을 돕기 위함이다. 꼭두에는 물론 인간 꼭두가 제일 많고 그 다음에는 용이나 봉황도 있다. 저승길은 처음 가는 것이라 어떤 어려움이나 위험이 있는지 모른다. 따라서 망자는 이러한 다양한 꼭두의 도움을 받으면 안전하게 저승에 도착할 수 있을 것이다. 이런 바람을 갖고 이 꼭두들을 상여에 부착시킨 것이리라.

이 집은 북촌에서 안에 들어가서 볼 수 있는 몇 안 되는 집이라 그 가치가 뛰어났는데 지금은 그렇게 할 수 없으니 안타깝다. 사람들이 이 북촌이 한국에서 가장 큰 한옥 마을이라고 해서 찾아왔지만 그들이 실제로 들어가서 볼 수 있는 집은 몇 안 되는 찻집뿐이다. 사람들은 이런 영업집이 아니라 사람이 실제로 사는 집을 보는 것이 더 좋을 것이다. 그런데 이 집은 비록 사람이 상주하는 것은 아니지만 민가의 모습을 제대로 갖추고 있었다. 그래서 이곳에 갈 때 마다 나는 이 집을 꼭 들렀는데 대부분의 경우에 사람이 아주 많았다. 그때마다 이렇게 자기 집을 무료로 공개하는 것은 대단하다는 생각이 들었다. 사람이 이처럼 많이 들락날락하면 집은 반드시 부서지기 마련이다. 관광객들이 자꾸 만지게 되니 이것은 어쩔 수 없는 일이다. 그런데도 이것을 모두 감내하고 집을 공개했으니 이 집 주인의 도량을 알만하다. 그러나 그것은 모두 과거의 일이 되었다.

이 한옥에서 조금 내려가면 또 좋은 한옥이 있다. 심심헌이라는 이름의 한옥이었는데 지금은 그 이름이 없어졌다. 이 집은 원래 있었던 2채의 한옥을 헐고 새로 지었다고 하는데 대목수가 지어 상당히 잘 지은 모양이다. 그래서 그랬는지 이전에는 입장료 1만원을 받고 들어갈 수 있게 했다. 한옥을 마음껏 감상하라는 취지였을 것이다. 나는 한옥이 한옥이지 뭐 대수일까 해서 들어가 보지 않았는데 지금은 그때 안 본 것이 후회된다. 현재는 공개하지 않기 때문이다. 이 집의 주인은 남미 교포라고 하는데 이 집의 지하실은 남미 풍으로 꾸며놓고 그 계통의 예술 작품들을 가져다 놓았다고 한다. 그러나 직접 들어가 보지 않았으니 더 이상 설명할 것이 없다. 그런가 하면 이 집의 주인은 이 골목의 끝자락에 있는 집을 사서 '청춘재'라는 게스트하우스도 운영했었다. 원래는 주차장을 만들려고 샀다고 하는데 나중에 보니 게스트하우스가 들어서 있었다.

밖에서 보이는 마크의 집

그런데 2019년 4월에 가보니 이 집의 간판도 없어져서 어떻게 된 것인가 하고 알아보니 이 두 집 모두 공식적인 운영은 4년 전에 그만 두었다고 한다. 대신 사전에 연락하고 예약을 한 사람들에 한해서 공개하고 있다고 한다.

미국인 마크 테토가 사는 한옥   이 골목에 오면 항상 사람이 많아 제대로 한옥이나 골목을 감상하지 못한다. 그래서 나는 그 옆에 있는 다른 골목을 소개하고 싶다. 짧은 골목이기는 하지만 북촌 골목의 맛을 느낄 수 있어 좋다. 꼭두랑 한옥 앞으로 나 있는 골목이 그것이다. 그곳은 관광객들이 별로 가지 않아 한적하게 집도 구경하고 골목의 정취도 느낄 수 있다.

그런데 이 골목에 요즈음 들어와 유명해진 한옥이 있다. 바로 '비정상회담'이라는 TV 프로그램에 나와 일약 스타가 된 미국 친구, 마크 테토가 사는 집이 그것이다. 이 집의 주소도 알지만 개인 정보 보호 차원에서 공개하지는 않겠다. 그런데 이 집은 방송에서만 보았을 뿐 들어가 보지 못했기 때문에 무엇이라고 말할 수 없다. 독자 여러분들도 인터넷으로 검색해 볼 도리밖에 없겠다. 이 집은 방송에 많이 나왔기 때문에 인터넷으로 검색하면 곧 찾을 수 있다.

이 집은 2층으로 만드는 등 상당히 신경 써서 만든 집으로 알려져 있다. 그렇다고는 하지만 이 집의 안채는 안쪽에 있어 밖에서는 전혀 보이지 않는다. 그런데 이 집이 부분적이나마 보이는 지점이 있는데 이것을 알려주는 것은 바람직하지 않겠다. 그곳에 사는 사람에게 누가 될 수 있기 때문이다. 사실 그 지점을 발견하는 것은 그리 어렵지 않다. 따라서 독자 여러분이 직접 찾아보기 바란다. 그곳서 보면 이 집의 안채가 약간 보인다.

마크도 많은 칭찬을 하고 있지만 한옥은 정말로 좋은 집이다. 무엇보다도 자연에서 나온 것, 즉 나무나 흙 등을 사용하고 있는 점이 한옥의 가치를 높여준다. 마크나 그의 친구들도 말하는 것이지만 한옥 안에 있는 것만으로도 '힐

링'이 된다. 자연 속에 있는 것처럼 느껴지기 때문이다. 그렇게 좋은 재료로 만들기 때문에 한옥을 짓는 데에는 돈이 많이 든다. 특히 창호 만드는 데에 돈이 많이 든다. 창호가 많은 것은 한옥의 빼어난 장점 중의 하나이다. 집이 자연을 향해 열려 있게 만들기 때문이다. 그래서 한 번 한옥에 살기 시작하면 아파트나 양옥으로 옮겨 가 살기 힘들다고 한다.

그런데 이런 한옥에는 아무나 살 수 있는 게 아닌 모양이다. 아파트는 집에 손이 그리 많이 가지 않지만 한옥은 계속해서 관리를 해주어야 하기 때문이다. 따라서 이런 데에 밝은 사람이나 살 수 있지 나처럼 무심한 사람은 살 자격이 안 될 것 같다. 한옥은 나무로 만들기 때문에 나무를 잘 관리해주어야 한다고 한다. 예를 들어 집을 지은 지 1년만 지나도 나무로 만든 창이나 문이 비틀어지거나 늘어나는 등등의 변화가 생긴다. 그럴 때 다시 목수가 와서 손질을 하지 않으면 안 된다. 이럴 때 돈이 또 드는 것은 당연한 일이다. 그런데 나무가 이렇게 주위의 환경에 따라 변하니 흡사 살아 있는 것 같아 좋다. 이런 것은 시멘트나 벽돌 등 다른 재료에서는 결코 느낄 수 없다.

이 집에 오면 노파심에 공연한 걱정을 한다. 마크 같은 주민들은 주차 문제를 어떻게 해결하느냐는 것이다. 이 북

취운정 현판

취운정

촌은 골목길로 되어있어 차 세우는 일이 쉽지 않다. 북촌
한옥길에는 그래도 차 한 대 정도는 세울 수 있지만 그 곁
골목에는 차가 지나가기도 쉽지 않다. 골목이 아주 좁기
때문이다. 이런 골목에 사는 사람들은 주차를 어디다 하는
지 궁금하다. 듣기로는 저 아래에 있는 큰 신작로인 북촌
로에 있는 거주민 주차장을 이용한다고 하는데 마크는 어
떻게 주차 문제를 해결했는지 모르겠다.

   이명박 전 대통령이 잠시 기거했다는 취운정   마크 집을 보고
계속 올라와 오른쪽으로 틀면 다시 북촌한옥길이다. 그 길
로 몇 걸음만 가면 담쟁이덩굴이 있는 벽이 나온다. 여름
에는 이파리가 많아 그곳서 사진 찍으면 꽤 좋은 장면이
연출된다. 그래서 그곳도 포토포인트로 알려져 있다. 이
벽은 곧 보게 될 이준구 가옥의 축대이다. 이 집 역시 주목
할 만한 집인데 이 집을 보기 전에 잠깐 언급할 집이 하나
있다. 이 집은 흔히들 이명박 전 대통령이 잠시 살았던 집
으로 알려져 있다. 지금은 대문에 취운정(翠雲亭)이라는 간
판을 걸고 게스트하우스로 운영하고 있다. 이 집은 앞뒤 2
채로 되어 있는데 그 때문에 꽤 큰 집에 속한다. 집이 이렇
게 크니 집값도 많이 나갈 텐데 정확한 수치는 모르지만
수십 억 원 정도 된다고 한다.

취운정 내부

　이 집은 이명박이 대통령에 당선되기 전까지 세 들어 살았는데 원 주인은 인사동에서 '두레'라는 한정식을 하는 분이라고 한다. 두레는 인사동에 남은 몇 안 되는 한정식 집으로 역사가 근 30년이 되는 등 꽤 오래된 집이다. 이 집은 조정구 건축가가 개수했다고 하는데 조 씨는 경주의 한옥 호텔인 라궁을 설계하는 등 이 분야에서는 상당한 실력자로 알려져 있다. 그런데 집안을 보지 못했으니 그의 실력을 확인할 수가 없었다. 이 집은 게스트하우스이지만 가격이나 서비스가 호텔급이라고 하는데 특히 두레의 주방장들이 만드는 아침 식사는 유명하다고 한다. 숙식비가 1박에 50만 원이라고 하니 특급 호텔급이라 하겠다. 그런데 지금은 어떤 상황인지 모르겠는데 과거에 이명박 부부가 살던 방은 숙박비가 하룻밤에 약 150만 원이나 되었다고 한다. 그런데도 당시에는 중국인 같은 외국인들에게 인기가 있었다. 왕의 기운을 받을 수 있다는 속신 때문에 그렇게 되었다고 하는데 지금은 이 씨의 신세가 전 같지 않으니 이 방이 예전 같은 인기는 없을 것 같다.

이 집의 내부를 사진으로 보니 멋있는 곳이 많이 보이는데 직접 보지 못했으니 달리 할 말은 없다. 그러나 바깥 모습에 문제가 있어 잠깐 그것을 언급해야겠다. 그것은 다름 아니라 대문에 걸려 있는 '취운정'이라는 현판이다. 이름에서 알 수 있듯이 이것은 정자의 이름이다. 이 정자는 원래 감사원 뒤쪽에 있었다고 하는데 지금은 그곳에 표지석만 남아 있다고 한다. 그 주변에는 정자가 많이 있어 여러 이야기가 전해지지만 그 이야기까지 인용할 필요는 없겠다. 갈 길이 멀기 때문이다.

내가 말하고 싶은 것은 이 집처럼 대문에 정자에나 거는 현판을 걸어 놓아서는 안 된다는 것이다. 원칙적으로 문에는 문의 이름을 걸어야 한다. 조선 시대에는 다 그렇게 했다. 그래서 이 문에는 이를 테면 '취운문'과 같은 이름을 걸어 놓아야 한다. 만일 문 이름을 걸어 놓고 싶지 않다면 이 집의 이름을 걸어 놓을 수도 있겠다. 만일 그렇게 하고 싶으면 그에 걸맞는 이름을 붙여야 한다. 한 예를 들자면 이 집은 숙소이니까 원(院)과 같은 글자를 넣어서 이름을 만들 수 있을 것이다. 경기도 파주에 있는 혜음원 같은 곳에서 그 전례를 찾아볼 수 있다. 혜음원은 고려 때 일종의 국립숙박시설과 같은 역할 하던 곳이었다. 아니면 이 집 위에 있는 집(여랑재)처럼 '재'라는 단어를 써서 이름을 지을 수도 있을 것이다. 그런데 이렇게 하지 않고 굳이 주변에 있는 정자의 이름을 가져온 것은 어떤 의도였는지 잘 모르겠다.

북촌의 근대 가옥 돌아보기

북촌에는 오래된 집으로 한옥만 있는 것이 아니다. 1930년대에 양옥으로 지은 근대 가옥들도 몇 채 남아 있다. 그런데 이 집들은 고만고만한 집이 아니라 저택이라 불릴 수 있는 큰 집이다. 그런 집 가운데 우리는 동북촌을 답사할 때 이미 한 채를 보았다.[19] 우종관 주택으로 불리는 집이 그것이다. 이 집에는 화신백화점을 세운 박흥식도

---

19) 졸저(2018), 『동북촌 이야기』, 주류성.

이준구 가옥

살았고 현대그룹의 정주영 회장도 살았다. 우리가 지금 답
사하고 있는 서북촌에는 이런 집이 2채 있다. 곧 보게 될
이준구 가옥과 윤치왕 가옥이 그것이다. 양옥으로 된 저택
이다. 이제 우리는 이 두 집을 보고 마지막으로 북촌에서
보기 드문 대형 한옥인 김형태 가옥으로 갈 것이다. 이 집
도 역사가 꽤 오래된 집이다.

　북촌의 높은 중심, 이준구 가옥에서　 북촌한옥길 바로 옆에
는 이준구 가옥이 있다. 이 집은 북촌의 왕좌에 있는 것처
럼 보인다. 북촌의 가장 높은 곳에다 집을 지었고 그것도 2
층짜리 저택을 지어 놓았으니 말이다. 그래서 이 집은 홀

로 우뚝 서 있다. 멀리서 보면 이 집이 제일 크게 보인다. 이것은 조금 전에 우리가 북촌 4경이라는 데에서 본 광경에서도 확인할 수 있었다. 무수한 한옥 지붕 사이로 하늘색 지붕으로 된 이 가옥이 선명하게 보인다.

이 집은 대지가 500평이 넘고 건물의 전체 면적도 약 180평이 된다고 하니 당시에 얼마나 큰 집이었는지 알 수 있다. 이 집은 1937(소화 12)년에 건설되었다고 알려져 있는데 그때에는 이 지역에 한옥들만 올망졸망하게 있었을 것이다. 정세권이 지은 중소형의 한옥들만 있었을 터인데 이 집은 그런 한옥들을 굽어보면서 언덕 위에서 왕처럼 군림했을 것이다. 이 작은 한옥들은 대개 20~30평밖에 안 되는데 이준구 가옥은 500평이나 되니 이 두 집을 비교하는 것 자체가 무리다.

이 집의 건립 연대를 알 수 있었던 것은 2009년 개수할 때 상량문이 발견되었기 때문이다. 거기에는 소화 12년이라고 쓰여 있는데 그렇다면 그 해는 1937년이 되어야 한다. 그런데 다른 여러 설명들을 보면 대부분 1938년에 건축되었다고 하는데 왜 그렇게 말하는지 그 이유를 모르겠다. 처음에 누가 잘못 기재한 것이 계속 이어져 고착된 것 아닌지 모르겠다. 이것은 일본의 연호인 소화(昭和)에 익

이준구 가옥 원경. 뒷산인 보현봉과 잘 어울린다

숙하지 못해 벌어진 일로 생각된다.[20] 건설 연도로 따져보면, 이 집은 역사가 약 80년쯤 되는 셈이다. 그런데 양옥집으로 이 정도 역사를 가진 집이 흔치 않으니 이 집의 가치가 더 나가는 것이다.

이 집을 최초로 지은 사람은 김성준이었다고 하는데 이런 집을 지었으니 그는 부자였음에 틀림없을 것이다. 그는 충남 보령에 큰 농장을 갖고 있었고 서울에서도 부동산이나 금융업으로 돈을 많이 벌었던 모양이다. 사정이 그러하니 그가 친일을 했는지 아닌지는 말하지 않아도 알 수 있을 것이다. 당시는 정세권이 이 북촌을 한옥 단지로 만들던 때다. 그래서 필지가 많이 나누어졌는데 김성준은 작은 필지 몇 개를 사서 큰 대지로 만들었다고 한다. 그러나 지금과 같은 규모는 아니었다. 당시 그가 산 대지는 약 360평이었다고 하니 지금보다는 많이 작았던 것을 알 수 있다.

이 집은 원 소유주가 김성준인데 왜 이준구 가옥으로 불리고 있을까? 그것은 이 집이 1991년 서울시 문화재 자료(제2호)로 지정될 때 소유주가 이준구라는 사람이었기 때문이다. 이 집은 해방 후에 소유주가 계속 변하다가 1966

---

20) 일본의 연호인 소화는 그것에 25년만 더하면 서기가 된다(물론 1900년을 더하는 것도 잊어서는 안 된다).

년부터 이준구가 소유하게 된다. 그리고 이 집의 크기가 현재의 규모로 된 것은 그가 행한 일이라고 한다. 1966년 이라면 북촌이 옛 모습을 유지하고 있을 때인데 그때 이 집이 얼마나 멋있었을까 생각해본다. 기와집 지붕만 보이는 이 동네에 군계일학처럼 언덕 위에 이 집이 있었을 테니 말이다. 이것은 우리가 밖에서 볼 때 그렇다는 것이고 과연 이 집 안에서 북촌 전체를 보면 어떨까 하는 생각도 해본다. 그러면 아마 북촌에서 가장 멋진 장관이 펼쳐졌을 텐데 이것은 성사시킬 수 있는 일이 아니니 알 수 없는 노릇이다.

이 집의 건축 재료들이 심상치 않다. 이 집의 설명을 보면 항상 나오는 것이, 개성 송악의 화강암을 가져다 그것을 벽돌 모양으로 만들어 건물 외벽에 쌓았다는 것과 프랑스제 기와를 가져다 지붕을 덮었다는 것이다. 그 외에도 윗부분을 아치형으로 만든 현관이 있다고 하고 정원에는 측백나무와 향나무가 있다고 한다. 정원의 조성에 대해서는 우리가 들어가 볼 수가 없으니 사진으로밖에는 확인이 안 된다. 그런데 내가 졸저 『서북촌 이야기 상』에서 밝혔듯이 옆집인 동양문화박물관에 가면 부분적이지만 이 집과 그 정원을 내려다 볼 수 있다. 이 집의 외장 재료인 화강암에 대해서도 사진으로밖에는 확인할 수 없는데 실제

한화 빌리지

로 보지 않아서 이 돌이 어떤 면에서 독특한지 알지 못한다. 이것은 기와도 마찬가지다. 프랑스제라고 하는데 그것이 한국의 기와와 어떤 면이 다른 것인지 알 수 없다. 이것을 알려면 이 집을 지을 당시 프랑스에서 어떤 건축 재료가 유행했는지를 알아야 하는데 그것도 알 수 없으니 무엇이라 말할 수 없는 것이다. 또 지금 있는 기와가 당시 프랑스에서 사온 원래의 기와인지도 알 수 없다. 기와라는 것이 80년 동안 손상 없이 원래 모습을 유지할 수 있을까 하는 의문도 든다. 상식적으로는 불가능할 것 같은데 그 자세한 사정은 알 수 있는 방법이 없어 아쉽다.

　마지막으로 이 집의 설계자에 대한 것이다. 확실한 증거가 있는 것은 아니지만 이 집은 박인준이라는 한국인 건축가가 1936년에 설계한 것으로 알려져 있다. 그는 국내에서 반일 운동을 하다가 중국으로 갔고 상해와 미국의 시카고 등지에서 건축학을 정식으로 공부했다고 한다. 그런데 그는 정작 조선의 건축계에는 뿌리를 내리지 못했단다. 당시에 중국은 말할 것도 없고 미국까지 가서 건축을 공부한 한국인은 손가락으로 꼽을 수 있을 정도로 극소수일 터인데 그런 그가 왜 조선의 건축계에는 정착하지 못했는지 궁금하다. 이 집의 설계가 그의 작품이라고 단정하는 이유는 그가 설계한 '윤치왕 저택'과 외모가 매우 흡사하기 때문이다. 이 집과 이준구 가옥을 비교해보면 지붕의 경사도나 창문의 형태가 매우 유사한 것을 알 수 있다. 이 정도면 같은 사람이 설계한 것으로 보아야 할 것이다.

이 집에 관해서 이처럼 적지 않은 이야기가 있지만 정작 이 집 앞에 가면 높은 축대와 육중한 철문만 만날 뿐이라 더 볼 것이 없다. 아주 가끔 사람들이 출입하느라 대문이 열리기도 하지만 안이 보이지 않는 것은 마찬가지다. 한두 번 이 집의 대문이 바꿈이 열려 있어 안쪽을 살짝 볼 기회가 있었는데 문 안에는 바로 계단이 있어 집 내부는 전혀 볼 수 없었다. 따라서 우리도 여기서 지체할 필요 없이 다음 행선지로 가자. 이 집 바로 오른쪽 옆에는 아주 작은 통

이 흥 박ㄴ 집

로가 있다. 우리는 그 통로를 거쳐서 다음 답사지로 갈 터이니 어서 그곳을 넘어 가자. 그러면 갑자기 큰 주택 단지가 나온다. 이것은 '한화 외국인 단지'인데 그냥 줄여서 편하게 부를 때에는 '한화 빌리지'라고 하기도 한다.

이 단지에 대해서는 그다지 많은 설명이 필요 없다. 역사문화적인 것이 아니기 때문이다. 이곳에 1960년대부터 살던 한화 그룹의 김승연 회장이 2000년대에 이렇게 대규모 단지를 만들었다는 것만 알면 되겠다. 전체 평수는 약 3,500평 정도 되는 모양이다. 김 회장은 자신의 거처도 새로 마련하고 회사에 중요한 손님이 오면 머무를 수 있는 숙소도 만들고 또 외국인용 임대 하우스로도 쓸 수 있게 이 대규모 단지를 만들었다. 그가 이 단지를 만들기 전에 이곳에는 수십 채의 한옥이 있었다. 그때의 모습을 닮은 옛 사진이 있는데 사진의 질이 좋지 않아 여기에는 싣지 못했다.

수년 전에 이곳에 갔을 때 학생들 보고 이 단지의 경비원에게 여기에 누가 사느냐고 물어보라고 했다. 그랬더니 '한 달에 1,500만 원 이상을 버는 사람들이나 살 수 있는 곳'이라는 대답이 돌아왔다. 그 이야기를 듣고 이곳은 나 같은 사람과는 아무 관계없는 곳이라는 생각이 들었다. 이 단지는 깨끗하게 정비되어 있기는 한데 건축적인 디자인

이 모호하다는 생각을 지울 수가 없다. 한옥을 부수고 지었으면 확실한 콘셉트가 있는 건물이 나왔어야 할 텐데 나는 그런 것을 느낄 수 없었다. 이 건물들의 디자인 콘셉트가 한국적인지, 서양적인지, 현대적인지, 전통적인지 도무지 헷갈리기만 하고 어떤 콘셉트도 떠오르지 않는다. 그래서 누가 설계했는지 궁금한데 아직 확인하지 못했다. 그러나 솔직히 말해 그것은 그리 중요하지 않다. 어떤 건물을 지을 때 그 건물은 건물주의 향취나 수준에 맞게 지어지는 경우가 많기 때문이다. 설계가 어찌 나오 건 간에 결국은 건축주가 바라는 건물이 나온다는 것이다. 그것이 사실이라면 이 단지에 있는 건물의 건축에는 김승연 회장의 의향이 가장 많이 들어갔을 터인데 그를 만날 길이 없으니 이 건물들의 콘셉트는 알 길이 없겠다.

그 길로 내처 내려가면 또 잠깐 들여다 볼 집이 있다. 큰 길까지 가면 오른쪽에는 유명한 치과 병원인 '이 ㅎ 박ㄴ 집(이 해 박는 집)'이 나온다. 이 집은 한옥에 치과를 차렸는데 한옥 치과 병원으로는 전국에 이곳 하나밖에 없다고 한다. 그러니 전 세계에서도 유일한 곳이라고 김영환 대표원장은 힘주어 말한다. 치료를 받지 않아도 내부를 간단하게 보는 것은 가능하다. 내 기억으로는 한옥 앞마당의 위부분을 막아서 치료 공간으로 쓰는 것이 인상적이었다.

윤치왕 가옥 대문과 담

　윤치호의 동생, 윤치왕의 집 앞에서　우리가 주의 깊게 볼 건
물은 이 치과가 아니라 그 앞에 있는 집이다. 이 집은 그냥
보면 요새 지은 것 같아 지나치기 십상이다. 담이 높고 나
무가 커서 가옥 내부가 잘 보이지 않기 때문에 주의를 기
울여서 보아야 한다. 그런데 가만히 보면 요새 집으로 쳐
도 굉장히 큰 집이라는 것을 알 수 있다. 범상치 않은 집이
라는 것인데 안내판이 없어 누구의 집인지, 어떤 성격의
집인지 전혀 알 길이 없다.

　이 집은 윤치왕 저택으로 불리는데 역사가 80년이 넘는
대단한 집이다. 설계자는 앞에서 이준구 가옥을 볼 때 언
급했던 박인준이다. 그는 이 집을 1936년에 지었는데 당시
윤치왕의 이복형인 윤치호의 집과 동생인 윤치창의 집도
그가 설계해서 지었다고 한다. 여기 나오는 윤치호는 우리
가 잘 알고 있는 그 윤치호가 맞다. 한말부터 일제기까지

고위 관료를 지내고 사
상가, 교육가로 이름이
높았으며 그에 따른 친
일 행각으로도 잘 알려
진 그 윤치호 말이다. 윤
치호에 대해서는 할 말
이 많지만 이 자리는 그
에 대한 것이 아니니 그
냥 지나치기로 하자.

1929년 시절의 윤치왕 교수

　이 삼형제의 집 가운
데 남은 것은 윤치왕의 집뿐이다. 윤치호의 집은 한화 단
지 자리에 있었는데 단지가 개발되면서 소실됐고 윤치창
의 집은 사우디아라비아 공화국이 대사관저 등 공관으로
사용했는데 2015년에 개축하는 과정에 없어졌다고 한다.
윤치호 집 같은 경우는 한화그룹에서 이 단지를 만들 때
그 집을 살려서 집을 지을 수도 있었을 텐데 하는 아쉬움
이 크게 남는다. 문화재급의 집을 부숴버렸으니 아까운 것
이다. 또 윤지창의 집도 사우디아라비아 측과 좀 더 논의
를 했으면 그 집의 멸실을 막을 수 있지 않았을까 하는 생
각이 든다. 그러나 모두 다 돌이킬 수 없는 일이 되었으니
다시 생각하는 것은 부질없는 일이다.

어떻든 이렇게 해서 윤 씨 삼형제의 집 가운데 남은 것은 윤치왕의 집뿐이다. 윤치왕은 윤치호처럼 극히 화려한 생활을 하지는 않았지만 당시의 한국인으로서는 영국으로 의학을 공부하러 유학 가는 등 그 경력이 나름대로 화려하다. 또 여러 경력을 거쳤기 때문에 이력이 복잡한데 그것을 다 볼 필요는 없겠다. 그는 의사로서 많은 업적을 남기는데 특히 산부인과, 마취과, 신경외과 등의 분야에서 선구적인 역할을 했다고 한다. 그런가 하면 6.25 때에는 군의관이 되어 1960년에 소장으로 전역할 때까지 한국의 군의관 체제를 정비한 것으로도 알려져 있다.

그는 1914년에 영국으로 유학을 간다. 이에 따라 그는 영국으로 의학을 배우러 간 최초의 한국인 유학생이라는 기록을 갖게 된다. 당시는 일본 유학만 갈 수 있어도 대단한 집안이라고 할 수 있는데 그가 영국 유학을 갈 수 있었다는 것은 그의 집안이 대단한 명망가이었기에 가능했을 것이다. 그런가 하면 그의 동생인 윤치창은 미국의 시카고 대학에 유학을 갔다고 하니 이 집안은 당시에 엄청난 가문이었던 모양이다. 이렇게 구미에 유학 가는 것은 지금도 상당히 돈이 많이 드는 일인데 이 집안은 그 시대에 구미를 휘젓고 다녔으니 대단하다는 것이다. 당시에 이런 일을 할 수 있는 집안은 한반도 전체에서 몇 안 되었을 것이다.

윤치왕 가옥 전면

    나는 이런 이야기를 들을 때 마다 그의 집안을 내가 태어난 집안과 비교해보는데 비교 자체가 무의미하다는 느낌을 받는다. 한 세기 전에 태어난 내 부모를 비롯해 그 주변 사람들은 학력이 제일 높은 사람이 국졸이었기 때문이다. 최종 학력이 국민학교, 아니 초등학교 졸업이라는 것이다. 그나마 그것은 남자들에 해당되는 것이고 여자들은 대부분 학교 근처에도 못 가본 사람들이었다. 내 모친도 무학이었으니 말이다. 내 주위에는 모두 그런 사람들뿐이었다. 내가 그런 사람들 사이에 살다가 중학교에 올라와 한국 중단편 소설을 읽으면서 일본 유학 갔다 온 사람들을 간접적으로나마 대하게 됐을 때 매우 생소했었다. 예를 들면 이런 것이다. 일제기가 배경인 소설을 보면 주인공이 일본의 와세다 대학에 유학 갔다가 방학이 되어 고향으로 잠깐 돌아왔다는 것 같은 이야기 말이다. 그에 비해 내 주위에는 촌에서 농사를 짓거나 서울에 와서 점방 점원을 하면서 사는 사람들만 있었다. 그런 상황에 있었던 터라 외국 유학을 가고 새로운 문화에 빠져 살던 사람들을 책 속에서 접하니 생소했던 것이다.

내가 사는 세상과 그들이 사는 세상은 너무 달랐다. 그런데 이 윤 씨 일가들은 일본이 아니라 구미에까지 가서 공부를 했다고 하니 이건 상상조차 할 수 없었다. 그들의 집안과 내 집안의 격차는 천양지차 가지고도 모자랄 것 같았다. 그런데 당시 한국에는 나의 집 같은 집안이 대세였지 윤 씨 일가 같은 집안은 그야말로 극소수에 불과했다.

어떻든 북촌 같은 양반 동네에 오면 옛 양반들의 이야기들을 많이 듣게 되는데 영 딴 나라 사람들 이야기 같아 실감이 나지 않는다. 그런데 지금은 그 집안이나 내 집안이나 별 차이가 없다. 지금 각각의 자손들이 사는 것을 보면 과거 양반 집안의 아이들이 사는 것이나 내 집안의 아이들이 사는 것이나 그다지 다르지 않다는 것이다. 사회적인 지위나 경제적인 능력 등의 면에서 대체로 수준이 비슷하다. 이런 것을 보면서 나는 한국이 그동안 경제적이던 정치적이던 엄청난 발전을 했다는 것을 실감하게 된다. 이전에는 천양지차처럼 보이던 간극이 이제는 거의 사라졌기 때문이다. 그만큼 한국은 평등 사회가 된 것이다. 그런 면에서 한국은 좋은 나라라고 생각한다.

이 집 앞에서 그런 이야기를 하는 것은 이 집 자체를 오랫동안 볼 수 없기 때문이다. 담이 높이 쳐 있어 안은 전혀 볼 수 없고 집의 상반부만 간신히 보일 뿐이다. 그런데 놀라운 것은 이 집의 규모이다. 옆 담만 보아도 이 집의 대지가 대단히 넓은 것을 알 수 있다. 이 집의 본채를 조금이나마 보려면 북촌로를 건너가서 보아야 한다. 그러면 집의 전면이, 그것도 상반부만 보인다. 이 상반부의 외양이 아까 본 이준구 가옥과 비슷하다. 이준구의 집 사진을 전화기로 불러다가 이 집과 비교해보면 그 유사함을 알 수 있을 것이다. 꼼꼼히 살펴보면 정말로 이 두 집은 지붕 모습이나 창문 모습이 아주 닮아 있다. 그래서 이 집을 잘 살펴보면 이준구 가옥의 모습도 같이 보는 효과를 가질 수 있다.

그런데 자세히 보면 이 집의 본채 전면과 담이 너무 밭게 붙어 있어 이상하다는 느낌이 든다. 대문의 위치도 이상하다. 상황이 이렇게 된 것은 말할 것도 없이 이 앞길을 넓히면서 이 집 마당이 대폭 줄어들었기 때문이다. 따라서 이 집을 제대로 감상하려면 담을 더 도로 쪽으로 당겨서 보아야 한다. 그래야 이 집의 본채가 제 위치를 잡을 수 있다. 그리고 추정컨대 이 집의 대문도 지금의 도로(북촌로)변에 있었을 것이다. 그래야 저택의 위용이 살지 지금처럼 대문이 옆벽에 붙어 있는 것은 말이 안 된다. 그런데 이런 설명은 현지에 가서 현물을 앞에 놓고 해야지 이렇게 지면으로 설명해가지고는 요해가 잘 되지 않을 것이다.

어떻든 이 집은 정말로 큰 저택이라고 하지 않을 수 없다. 도대체 일제기에 얼마나 돈이 많으면 이런 집을 짓고 살 수 있었는지 실감이 나지 않는다. 하기야 조카뻘인 윤보선도 그 동네에서 큰 집 짓고 살았으니 아저씨가 되어서 작은 집에 살 수 없었을지도 모른다.

북촌로를 따라 내려오면서 - 김형태 가옥 앞에서 여기까지 보았으면 오늘 답사는 거의 끝난 셈이다. 이제 안국동 사거리를 향해 내려가면 일정을 다 마치게 되는데 북촌로를 따라 내려오다 보면 또 간단하게 볼 것이 몇몇 개 더 있다. 가장 먼저 나타나는 것이 김형태 가옥이다. 이 집은 그 앞에 안내판이 있어 쉽게 찾을 수 있을 것 같은데 잠깐 방심하면 그냥 지나칠 수 있으니 주의해야 한다.

이 집은 개방하지 않아 안을 꼼꼼하게 살펴볼 수 없다.

김형태 가옥 대문

그런데 지금(2019년 4월)은 이 집에 '경성사진관'이라는 점
포가 들어와 있다. 이 가게는 전통 한옥에서 아기 돌 사진
이나 가족사진을 찍어주는 한옥 스튜디오 기능을 하고 있
다. 그래서 만일 촬영이 있으면 문이 열려 있어 안을 빠끔
이라도 볼 수 있다. 그런데 갈 때마다 촬영 때문에 문이 열
려 있어서 힐끔 안을 들여다보긴 했는데 나이가 든 사람이
할 짓이 아니라 제대로 보지 못했다.

　이 집을 볼 때에도 주의할 것이 있다. 이 집은 원래 이렇
게 생기지 않았다는 것이다. 지금은 밖에서 건물이 잘 보
이지만 이전 사진을 보면 도로에 연한 담 밑에 차고가 있
었다. 그리고 집 안에는 나무가 많이 있어 내부가 전혀 보

이지 않았다. 그러던 것이 이 앞길인 북촌로가 1989년 이후로 확장되면서[21] 차고가 없어지고 마당이 많이 줄어 나무가 하나도 남지 않게 되었다. 그래서 집이 아무 보호막 없이 길가에 나와 있는 것처럼 되어버렸다. 한 길에서 보이는 것은 이 집의 사랑채이다. 문간채는 골목으로 들어와야 보이고 안채는 대문 안으로 들어가야 보인다.

이 이전에는 이 앞길(북촌로)의 폭이 6~8m였는데 이것을 20m로 늘려 넓게 만들었다. 그 까닭에 이 도로에 연해 있는 집들이 많은 수난을 겪었다. 나는 어렸을 때 지금은 정독 도서관이 있는 자리에 있던 학교에서 중고교 시절을 보낸지라 6년을 이 근처를 헤맸는데 옛날에 이 길이 어땠는지 전혀 기억이 나지 않는다. 이 길에 있던 건물로 기억나는 것은 현 헌법재판소에 있던 창덕여고뿐이다. 이 학교는 여학교인지라 관심이 가서 그랬는지 정확히 기억하는데 다른 것은 아무것도 기억나지 않는다. 이렇게 기억조차 나지 않으면 당시의 삶은 나에게 아무 의미도 없는 것이 아닐까 하는 자조어린 생각도 든다. 그때 왜 좀 더 주의 깊게 보지 않았는지, 아니면 그 흔한 사진 한 장 찍지 않았는지 공연히 후회가 된다. 그러나 당시에 나는 아무 의식 없

---

21) 이 확장 공사는 2000년이 되어서야 끝나게 된다.

김형태 가옥 사랑채

김성태 가옥 원래 모습

김형태 가옥 안채(위)와 문간채(아래)

는 까까머리 중고등학생에 불과했으니 이런 문화적인 데에 관심이 있을 리가 없었다.

지금 보았을 때 이 길과 관계해서 이해가 안 되는 것은이 길을 넓힐 필요가 있었겠느냐는 것이다. 이 길은 원래교통량이 그리 많지 않았는데 요즘은 관광객들이 몰려오면서 관광버스 때문에 길이 막히는 일까지 발생한다. 그러나 이전에는 상당히 한가한 도로였는데 무엇 하러 이렇게 2배 이상 넓혔는지 이해가 안 된다. 당시에는 사람들이 이지역이 역사문화적으로 어떤 중요성을 갖는지 잘 모르고있었을 것이다. 그러니 새 길을 낸다고 하면서 이런 유서깊은 집에 이처럼 손상을 가한 것이다. 이 길이 이전과 같은 형태로 있었으면 얼마나 좋았을까 생각해 보는데 과거로 돌아갈 수 없으니 다 부질 없는 짓이다.

이 집은 1938년대에 건립된 것으로 알려져 있는데 1999년에 서울시 민속자료로 지정될 때 소유주가 김형태라 이름이 그렇게 붙여진 것이다. 이 집은 안채, 사랑채, 문간채로 구성되어 있다. 안채와 문간채는 붙어 있으면서 ㄷ 자를 이루고 있고 사랑채는 대문 바로 옆에 독채로 되어 있다. 이 집에서 주목해야 할 점은, 이 집은 1930년대 이 지역에 건설되었던 소규모의 개량한옥과 다르다는 것이다. 이 집은 그렇게 찍어내듯 만든 집이 아니라 규모가 큰 부

김형태 가옥 차양

잣집이었다. 지금도 대지가 150평 정도라고 하니 꽤 넓은 집이다. 도로 확장으로 집의 앞부분이 잘려 나가지 않았으면 이보다 훨씬 넓었을 것이다. 그러나 지금도 문간채를 보면 이 집이 꽤 큰 집이라는 것을 알 수 있다. 문간채가 웬만한 집 하나는 될 정도로 크니 그렇게 말할 수 있는 것이다.

집의 모양을 보아도 이 집이 부잣집이라는 것을 느낄 수 있다. 지붕을 보면 어떤 방향에서 보든 아름답게 보인다. 그렇게 보이는 것은 추녀를 시원하게 뽑았기 때문이 아닌가 싶다. 그런데 이 집의 안내판을 보면 차양이 넓게 뻗어 당당하게 보인다고 쓰여 있는데 이 차양에 대해 나는 다른 의견을 갖고 있다. 나는 일단 한옥에 차양이 들어가면 그 아름다움이 대폭 낙하한다고 생각한다. 물론 지붕에 차양을 다는 것은 이해할 수 있다. 비 같은 물기에서 한옥을 보호하기 위해 차양을 다는 것은 이해할 수 있다는 것이다.

한옥의 단점 중의 하나는 비나 눈이 기둥밑동처럼 나무로 만든 부분에 들이쳐 그 부분을 부식시키는 것이다. 이것을 막기 위해서는 처마를 멀리 빼야 하는데 그렇게 하려면 돈이 많이 든다. 그래서 처마는 조금만 빼고 거기에 쇠로 만든 차양을 달아 비를 막는 것이다. 그렇게 해서 비는 피할 수 있는지 모르지만 차양을 달면 나무로 만든 한옥의 미가 대폭 떨어지니 문제가 되는 것이다. 따라서 차양을 달았다고 자랑해서는 안 될 일인데 왜 이 설명에는 그렇게 써놓았는지 궁금하다.

그런가 하면 이 집은 새로운 소재인 벽돌이나 유리, 금속 등을 사용하고 있어 당시 개량 한옥들이 어떻게 변화됐는지를 보여주는 좋은 자료가 된다고 한다. 당시 부잣집들이 어떤 신소재를 가지고 어떻게 집을 지었는지 잘 보여준다는 것이다. 이러한 소재들은 집안에서의 삶을 편안하게 하고 추위를 막아준다는 점에서 분명 주자재로 쓰일 수 있다. 그런데 이때에도 조금 조심하면 좋겠다. 이런 자재들을 너무 많이 쓰거나 잘못 쓰면 한옥이 추해질 수 있기 때문이다. 나는 그런 예를 북촌 안에서 많이 보았기 때문에 노파심에 한 번 말해보았다.

이 집과 관련해 잘못 알려진 사실 하나만 지적하고 이 집을 지나야겠다. 흔히들 이 집의 사랑채에서 명성황후가 태어났다느니, 아니면 그의 아버지가 이곳에 잠시 살았다느니 하는 말을 하는데 이것은 모두 사실이 아니다. 그녀는 여주에서 태어나 자랐고 어린 나이에 상경했을 때에는 현 덕성여고 대지에 있던 민 씨 소유의 저택인 감고당에서 살았다는 것이 정설이다. 그 자세한 사정에 대해서는 이 책의 전 권인 『서북촌 이야기 상』에 실어 놓았으니 그것을 참고하기 바란다. 왜 이런 이야기가 전해지고 있는지 모르는데 이런 집들이 서로 가까운 데에 있어 설왕설래하다가 만들어진 것 아닌가 하는 생각이다.

이 집을 지나면서 드는 생각은 도로 넓히다가 멀쩡한 집 하나를 망쳤다는 것이다. 조금 전에 말했던 것처럼 이전 집은 나름의 향취가 있었는데 집이 잘려 나가면서 품위를 많이 잃어버렸다. 이게 다 무리하게, 혹은 공연히 길 넓히다가 생긴 불상사다. 집 주인으로서는 이렇게 개수할 수밖에 없었을 것이다. 이런 무지한 일을 하면서 그동안 우리가 얼마나 역사와 문화를 파괴했는지 안타깝기만 하다.

김영사 안에서 찍은 광경

북촌로에 연해 있는 현대 건축물들

그런 안타까운 마음을 안고, 또 그런 현실에서 아무 것
도 할 수 없는 자신을 도닥거리며 지하철역으로 더 내려오
자. 그러면 김영사 출판사 사옥이 나온다. 이 출판사는 한
국에서 다섯 손가락 안에 꼽는 큰 출판사라 출판계에서는
아주 유명하다. 나는 이 출판사에서 책을 몇 권 냈기 때문
에 이 앞을 지나가면 내심 반갑지만 그렇지 않은 사람들에
게는 별 주목의 대상이 되지 못할 것이다. 그런데 사람들
이 모르는 게 하나 있는데 이 사옥 안에 한옥이 하나 있다
는 것이다. 사옥 안으로 들어가서 맨 뒤로 가면 괜찮은 한

옥이 하나 있다. 원래 있던 한옥을 김영사가 이곳에 들어오면서 인수해 사옥의 일부로 이용하고 있는 것이다. 이 집은 아마도 1930년대에 만들어진 것 같은데 그 용도를 물어보니 출판사 관계자가 쓰기도 하고 저자들이 집필을 할 때 빌려주기도 한다고 한다. 출판사 측의 설명에 따르면 『사피엔스』 같은 베스트셀러를 쓴 그 유명한 유발 하라리가 한국에 왔을 때 바로 이 한옥에서 집필도 하고 언론사 면담도 했다고 한다. 나는 주로 집에서 책을 쓰니 그곳에 갈 필요가 없을 테지만 나 같은 평범한 저자에게도 이 방을 빌려줄지는 모르겠다.

이 한옥에서 보면 그곳은 지대가 높아 북촌의 풍경이 꽤 잘 보인다. 그래서 사진을 한 장 찍어 실어놓았다. 주황색 지붕이 김영사 사옥 지붕이고 저 멀리 보이는 흰 건물은 대동세무고등학교이다. 이 학교에 대해서는 졸저 『동북촌 이야기』에서 자세하게 설명했으니 참고하면 되겠다. 그리고 이 사옥 지하에는 '몸과 마음의 양식堂'이라는 책을 보면서 쉴 수 있는 공간이 있다. 그곳에는 김영사가 낸 몇몇 책 가운데에서 뽑은 중요한 문구를 인쇄해 비치하고 있다. 이 중에 자신이 필요한 것을 골라 살 수 있게끔 해놓았다. 이곳은 잠깐 쉬어갈 수 있는 공간으로 좋을 것 같아 소개해보았다.

가회동 성당 원경

한옥과 양옥이 어깨동무? 김영사 바로 밑에는 또 그냥 지나칠 수 없는 건물이 하나 있다. 가회동 성당이 그것이다. 이 성당을 보자는 것은 그 건물 때문이다. 이 성당은 역사가 깊고 가톨릭에서 차지하는 위상이 높지만 우리는 건물 자체에만 집중해서 보려고 한다. 우리가 이 성당 건물을 보자는 것은 다른 것이 아니라 성당 안에 한옥이 있고 그 건물이 옆의 양옥과 조화를 잘 이루고 있기 때문이다. 이 성당에 있는 건물은 한옥 양옥을 막론하고 극히 최근에 만들어진 것이다. 특히 한옥을 정성들여 지어서 많은 건축상을 받았던 터라 잠시 이 건물에 대해 귀동냥하고 지나갔으면 한다.

가회동 성당 내부(한옥과 성당)

이 성당은 한국 가톨릭사에서 상당히 중요한 위치를 차지한다. 내가 이 책의 전 권인 『동북촌 이야기』에서 상세히 밝혔듯이 이 북촌은 한국 천주교회사에서 최초의 신부로 되어 있는 중국인 주문모 신부가 1795년에 최초로 미사를 지낸 곳이다. '최초로'라는 단어가 공연히 두 번 반복되었는데 최초의 신부가 최초의 미사를 지낸 것은 당연한 것이겠다. 이 성당은 바로 그 사건을 기념하기 위해 세웠다고 하니 그 가치를 알 수 있지 않을까?

북촌로에 연해 있는 현대 건축물들

그건 그렇고 지금 내가 보려고 하는 것은 이 성당의 건물에 대한 것이라고 했다. 이 성당의 설계에 대한 설명은 성당의 홈페이지에 잘 나와 있어 그것을 중심으로 한 번 소개해보아야 하겠다. 그에 따르면 북촌이 한옥 마을인 것을 유념하여 '단아하게 한복을 차려 입은 선비하고 벽안의 외국인 신부님하고 어깨동무하는 형상으로 가자'는 것을 설계의 기본으로 삼았다고 한다. 그런데 이 동서양의 융합이 잘못되면 양복 입고 갓 쓴 꼴이 될 수 있기에 양 건물을 무리하게 섞지 않고 어깨동무한 것처럼 동등하게 같이 가는 쪽으로 가닥을 잡았단다. 다시 말해 디자인 충돌이 일어나는 것을 막고 양자가 적절한 거리에서 교감할 수 있게 하자는 것이리라. 이 홈페이지는 설계에 대한 설명을 '한옥의 아름다움을 살리고 그의 부족한 기능성을 서양건축으로 보완하도록 하는 것'으로 마감하고 있는데 어떻든 한옥을 우선시해서 흐뭇하다. 그래서 그런지 실제로 이 안에 들어가 보면 마음이 편안해지고 좋은 느낌을 받는다.

진정한 한옥을 지으려고 시도하다! 좀 더 세부적인 이야기를 들어보면 성당 측이 이 한옥을 짓는 데에 많은 공을 들인 것을 알 수 있다. 이 건물의 설계는 '로하스 한옥'이라는 회사의 대표인 이연성 씨가 맡았는데 이 이는 나이는 젊은데 식견이 있고 추진력이 강한 사람인 것 같다.[22] 이 씨는 한옥 건축 관련 무형문화재 분들과 넓은 교류를 하고 있었던 모양이다. 그래서 이 건물을 지을 때 무형문화재로서 지붕을 얹는 번와장(飜瓦匠) 이근복 씨와 돌을 쌓고 다듬는 일을 하는 석장(石匠) 임동조 씨, 금속 장식이나 자물쇠 등을 다루는 두석장(豆錫匠) 박문열 씨, 그리고 총지휘자인 도편수 정태도 씨 등 그가 평소에 알고 있던 전문가들을 대거 동원했다고 한다.

이와 관련해서 재미있었던 것은 성당 측에서 이 무형문화재들에게 공정이 벌어지는 동안 계속해서 본인 자신들이 참여해 줄 것을 요구했다는 것이다. 다른 경우를 보면 이 문화재들이 사인만 하고 밑의 사람을 보내는 적이 종종 있었기 때문에 이런 주문을 한 것이다. 거기서 그치지 않고 당시에 주임신부는 이 문화재들에게 자식들에게 자랑할 수 있는 집을 만들어달라고 부탁했단다. 그러니까 그저 돈을 벌기 위해 일을 하는 것이 아니라 나중에 자식들에게 '이 집은 아빠가 참여해서 만든 집이야'라고 당당하게 자랑할 수 있는 집을 지어달라고 주문한 것이다. 문화재

_____

22) 이 사람에 대해서는 졸저 『동북촌 이야기』에서 배렴 가옥을 답사하면서 거론한 바 있다.

들은 주임 신부의 이 청원에 자존감이 한껏 고양되어 열심히 집을 지었다고 성당의 홈페이지는 전하고 있다.

재료 면에서도 성당 측은 국산을 고집했다. 당시는 한옥 짓기 열풍이 불어 국산 소나무가 매우 귀한 상황이었는데 이때 주임 신부는 시공 회사에게 어떻게 해서든 국산 나무를 찾아오라고 주문했다. 그러면서 구체적으로 한옥을 지으려고 했다가 취소한 그런 집을 찾아서 그 나무를 가져오라고 특명을 내렸단다. 새로운 국산 나무는 없을지 모르니까 이미 있는 나무 가운데 국산 소나무가 있을 수 있다는 판단을 내린 것이다. 이에 이 회사의 대표는 전국으로 발품을 팔아 드디어 홍천에서 춘양목이라 불리는 국산 소나무인 적송을 찾았다고 한다. 이처럼 건물을 지을 때에는 건축주의 식견이 중요한 것이다. 건축주인 주임 신부가 확실한 지식을 갖고 시공 회사에 강하게 요구하니 이런 좋은 건물이 나온 것이다.

이 문장에서 우리는 종종 춘향목이라는 잘못된 이름으로 불리는[23] '춘양목'이라는 특별한 이름의 소나무를 만난다. 이것은 대단한 용어는 아니다. 소나무의 종류를 말하는 그런 전문적인 용어는 아니라는 것이다. 춘양은 단지

---

[23] 성당의 홈페이지에도 춘향목으로 되어 있다.

경북 봉화에 있는 기차역 이름일 뿐이다. 이 기차역 주위에 있는 태백산 지역은 한국에서 유명한 적송 산지였는데 그곳에서 잘린 나무는 모두 춘양역으로 가져와 전국으로 배송되었다고 한다. 소나무들이 모여 있는 역이 춘양역이라 자연스럽게 그 이름으로 불리게 된 것이다.

한옥은 손으로 만들어야 제 맛이 난다! 그런데 그저 국산 나무만 가져온 것으로 끝난 게 아니었다. 그런 나무를 손질하는 데에도 많은 주의를 기울였다. 예를 들어 기계 대패가 아니라 손대패만 사용하게 한 것이 그것이다. 기계 대패는 작업을 빨리 할 수 있는 장점은 있지만 그것으로 나무를 가공하면 결과물이 너무 미끈해 사람의 손맛이 안 난다. 그래서 그렇게 가공된 목재 옆에 있으면 푸근한 맛이나지 않는다. 요즘 새로 지은 한옥들이 대부분 이런 식이다. 한옥은 한옥인데 한옥 느낌이 잘 안 난다. 이것은 집을지을 때 기계를 너무 많은 쓴 때문일 것이다.

나무를 가공할 때 손대패를 쓰면 확실히 나무의 재질감이 살아나고 사람을 느낄 수 있어 좋다. 옛집들은 다 이랬다. 하기야 그때에는 기계를 쓰고 싶어도 아직 그런 기계가 나오기 전이니 모든 것을 손으로 할 수밖에 없었을 것이다. 이렇게 손으로 공정하면 진짜 좋은 것이 있다. 인간

북촌로에 연해 있는 현대 건축물들

의 손으로 직접 만든 것은 시간이 지날수록 연륜이 더 해져 보기가 좋아진다는 것이다. 과거에 만든 좋은 집들은 모두 이런 식이었다. 그래서 사람이 만든 집에서 사람이 사는 맛이 난다는 이야기가 가능한 것이다. 지금은 전부 그렇다고 말할 수는 없지만 사람이 만든 집이 아니라 기계가 만든 데에서 사는 느낌이라고나 할까?

나는 이런 좋은 옛집을 아주 가끔 만난다. 최근에 이런 집을 우연히 궁궐에서 만나 놀란 적이 있다. 그것도 아주 가까운 곳에 있었던 것인데 모르고 있었다. 그 주인공은 다름 아닌 덕수궁의 석어당(昔御堂)이라는 건물이다. 이 건물은 임진왜란 때 선조가 거했던 건물이라는데 지금 우리가 보는 건물은 1904년에 다시 지은 것이다. 이 건물이 유일한 목조 한옥 2층집이라느니 아니니 하는 것은 별 의미가 없다. 나는 이 건물을 보고 이게 바로 조선이라는 것을 직감적으로 느꼈다. 조선의 정신이 이 건물에서 제대로 되었다는 표현되었다는 것을 강렬하게 느낀 것이다. 이 건물이 1904년이라는 조선이 망하기 몇 해 전에 건설되었지만 조선 사람이 직접 만든 것이다. 그래서 조선의 정신이 그대로 투영됐을 것이다. 왕실에서 만들었으니 온 힘을 다해서 만들었을 것이다. 왕실의 물건들은 어느 하나 대충하지 않고 성을 다해 만든다. 이 건물도 이렇게 만들었을 것이

덕수궁 석어당

석어당의 야경

북촌로에 연해 있는 현대 건축물들

다. 그래서 조선의 정신을 올곧게 느낄 수 있다.

이 집의 특징은 말로 설명하기가 힘들다. 다정하면서 꼼꼼하지만 자기를 과시하려는 생각이 없는 등등의 표현이 생각나지만 이러한 묘사가 제대로 전달될 것 같지 않다. 기둥도 그렇고 특히 문틀을 보면 그런 것을 많이 느낀다. 용의주도하고 주밀하게 만들어졌지만 답답한 느낌은 없고 착하고 부드럽다. 그래서 한없이 가까이 하고 싶은 건물이다. 어떻든 나는 이 건물을 보고 조선을 새롭게 알았다. 절이나 다른 궁궐에 있는 옛건물들은 자꾸 고쳐지고 새롭게 지어져 조선의 정신을 엿보기 힘들었는데 이 건물에는 그 정신이 온전히 남아 있었던 것이다.

내가 이 건물을 꼭 집어서 소개하는 이유는 사람의 손맛이 살아 있다는 것이 어떤 것인지 알리기 위함이었다. 그리고 세월의 연륜이 묻으면 어떻게 더 좋게 바뀌는지 보여주고 싶었다. 이런 건물은 세월이 지나면 자애스러운 할머니처럼 바뀐다. 그래서 더 살아 있는 것처럼 느껴진다. 그런데 이런 건물이 나오려면 많은 부분을 손으로 직접 만들어야 한다. 기계로는 절대로 이런 건물을 만들 수 없다. 처음에는 기계로 만든 것이나 손으로 만든 것이나 다 비슷하게 보일지 모르지만 시간이 지나면 엄청난 차이를 보인다. 따라서 이 성당의 한옥이 실제로 손대패 등 사람의 손을 많이 탄 건물이라면 시간이 지날수록 더 빛을 발할 것이라고 예측할 수 있다.

사실 한옥을 지을 때 손대패를 사용하는 등 인간이 손으로 모든 공정을 이행하면 좋다는 것을 모르는 장인은 없을 것이다. 그런데도 기계를 쓰는 것은 비용 때문일 것이다. 요즘은 이전 같지 않아 무엇을 해도 인건비가 엄청나게 든다. 이전에는 밑에서 일하는 조수들은 돈을 별로 들이지 않고도 쓸 수 있었다. 그래서 경비가 그리 많이 들지 않았다. 아마 단순한 공정은 그 조수를 시키고 마지막에 주임이 살짝 '터치'만 하면 되는 그런 순서로 일이 진행됐을 것이다. 그러니 그렇게 지은 집들은 참으로 사람이 살만 했다. 살수록 더 좋은 집이 되었으니 말이다. 그런데 지금은 궁궐이고 절이고 민가고 전부 기계로만 짓는다. 그래서 영화 세트장처럼 보인다고 하는 것이다. 특히 매일 보다시피 하는 경복궁의 재건된 건물들이 그렇다. 다 돈 때문에 그렇게 된 것인데 이 성당의 한옥은 원칙을 지킨 흔하지 않은 한옥 가운데 하나라고 할 수 있다. 이런 한옥 앞에서 한옥에 대해 많은 생각을 하고 그것을 같이 나눌 수 있으니 좋다.

성당 세부를 들여다보며   이 글을 쓸 때 궁금증이 생겨 다시 한 번 제자들과 함께 이 집을 가보았다. 이전에 보지 못했던 것을 보려고 다시 간 것이다. 특히 건물의 세부를 보니 그 꼼꼼하게 처리된 것에 놀라지 않을 수 없었다. 가령 기둥부터가 다른 집과 다르다. 이 기둥을 자세히 보면 그 모서리를 그냥 놔두지 않고 단을 만들어 처리한 것을 알 수 있다. 그러니 훨씬 더 고급스럽게 보이는데 문제는 그냥은 그것이 보이지 않는다는 것이다. 감식안이 있지 않으면 이런 세부는 보이지 않는 법이다.

이 집은 이렇게 세부에 상당한 공을 들였다. 또 천장도 남다르다. 부분적으로 우물천장 형식을 썼는데 이것은 백인제 가옥을 설명할 때 잠깐 거론했지만 궁궐이나 사찰 건물처럼 권위 있는 건물에만 사용하던 방법이다. 그런가 하면 구름을 본 떠 만들었다는 기둥 위의 장식도 세세히 뜯어보면 아주 아름답게 만든 것을 알 수 있다. 이것은 각 기둥의 끝에 만들어 놓은 장식을 말한다. 이런 것들은 이렇게 설명만 들어서는 잘 알기 힘드니 독자 여러분이 이 건물에 갈 기회가 있다면 한번 찾아보기 바란다. 어떻든 이 집은 공을 많이 들여 건축했다는 것을 잊지 말자. 이 집은 사진에서 보이는 대로 방과 대청마루, 쪽마루, 누마루로 구성되어있는 것을 알 수 있다. 방을 제외한 마루는 모두 개방되어 있어 누구나 가서 쉴 수 있다.

성당 한옥 천장

    이 한옥의 곳곳에는 상징적인 것들이 많은데 이 작은 지면에서 그것을 다 볼 수는 없다. 또 답사가 다 끝나가는데 세세한 설명을 다시 시작하는 것은 바람직하지 못하다. 그런 상황을 염두에 두고 상징적인 것을 간단하게 본다면, 지붕의 암수막새를 오병이어를 상징하게 만들었다느니 누마루의 손잡이를 꽃받침으로 만들어 사람이 마루에 앉으면 그 사람의 얼굴이 꽃이 된다느니 하는 것이 그것이다. 그런데 이런 것들은 따로 설명을 듣지 않으면 전혀 눈치챌 수 없게 되어 있다. 가령 암수막새에 표현되어 있는 두 마리의 물고기와 다섯 개의 떡은 설명을 듣지 않으면 전혀 알 수 없다. 게다가 이 오병이어의 기적을 알지 못하는 사

북촌로에 연해 있는 현대 건축물들

성당 한옥 - 대청마루, 쪽마루, 누마루

람은 더 더욱이 그것을 발견하기 힘들 것이다. 한옥에 이처럼 기독교의 설화가 표현된 것은 처음으로 보는 것이라 한 번 언급해보았다. 이 이외에도 이 건물에는 세세한 볼거리가 더 있는데 이 정도면 충분하다는 생각이다.[24]

성당의 양옥 건물에도 볼거리가 조금 있다.[25] 특히 옥상에서 보는 북촌의 모습이 보기 좋단다. 이 성당은 종교

<hr />

24) 이 한옥은 이처럼 공을 많이 들여 건축한 덕에 상을 많이 받았다. 예를 들어 '2014 한국건축문화대상'에서 민간 부문 '본상'을, '2014년 한옥공모전'에서는 '올해의 한옥상'을, '2014 서울시 건축상'에서는 일반부문 '최우수상'을 받은 것이 그것이다.

25) 이 건물은 이러한 볼거리보다 비와 김태희가 결혼한 성당으로 더 유명하다.

시설이라 홀로 높이 지을 수 있었던 모양이다. 그래서 이 성당 건물이 북촌에서 가장 높은 건물이 되어버렸다고 한다. 그 덕에 옥상에 가면 북촌의 스카이라인을 한 눈에 볼 수 있다는 것이다. 특히 앞뒤로 다 볼 수 있다고 하는데 가서 볼 수 없으니 실제의 모습은 알 수 없다. 원래 이 옥상을 공개했는데 관광객들이 쇄도해 지금은 비공개로 하고 있다. 또 옥상에는 종이 있는데 이 종은 밑에서도 보인다. 1958년에 독일에서 만들었다고 하니 그 역사가 벌써 60년이 넘은 종이다. 지금은 노후해서 치지 않고 걸어만 놓았는데 아침에 해가 뜨면 종 사이로 햇빛이 비춰 아주 아름답다고 한다. 그러나 안타깝게도 옥상은 개방하고 있지 않으니 이런 것들을 전혀 볼 수 없다.

그 외에도 다른 많은 볼거리가 있지만 이제 답사가 끝나는 시점이라 이곳서 오래 머무르기는 힘들다. 지친 몸을 이 한옥의 마루에서 쉬면서 답사를 마무리하는 시간을 가지면 좋겠다. 앞으로 이 건물은 북촌의 명물이 될 것 같은데 이미 한옥 건축을 전공하는 사람들이 많이 다녀갔다고 한다. 북촌에 있는 한옥들은 대부분 들어가 볼 수 없었는데 이곳은 이렇게 개방되어 있으니 참으로 다행이라는 생각이다. 교회 측에 깊은 감사를 드린다. 이곳에서 한옥을 직접 보면서 설명을 해주면 좋은 교육이 될것이다.

성당의 종

이 건물을 보면서 마지막으로 드는 생각은 꼭 예전에 만든 것만이 가치가 있는 것은 아니라는 것이다. 이 성당처럼 요즘 만들어진 것도 얼마든지 중요한 것이 될 수 있기 때문이다. 전통이라는 게 주로 과거에 만들어진 것이지만 그와 동시에 지금도 끊임없이 새로 만들어지는 것이기도 하다. 그런 면에서 이 건물은 새로운 전통을 만들어가고 있다고 할 수 있을 것이다. 우리는 앞으로 이런 건물에 대해서도 많은 관심을 갖고 대해야 할 것이다. 우리가 만든 전통을 우리가 관심 갖자는 것이다.

답사를 마무리하며

이제 이 길에서 볼 것을 다 보았으니 답사가 끝난 것이다. 저녁만 해결하러 가면 된다. 내려오다 보면 다시 돈미약국이 나온다. 이곳을 지나면 어느 가게 벽에 그림 하나가 그려져 있는 것을 발견할 수 있다. 그러니까 벽화인 셈이다. 이전에는 이 그림이 잘 보였는데 어느 샌가 한복대여점이 생겨 그 앞에 한복을 가져다 놓는 바람에 그림이 거의 안 보인다. 따라서 처음 가는 사람은 이 그림을 찾지 못한다. 이 북촌은 이렇게 자꾸 변하기 때문에 자주 다녀야 한다.

이 그림은 그냥 재미있으라고 그림 잘 그리는 어떤 이가 그렸을 것이다. 그런데 아주 재미있는 점이 있어 소개해보는 것이다. 이 그림은 당연히 신윤복의 미인도를 흉내 내 그린 것이다. 재미있는 것은 이 여인의 얼굴이다. 신윤복 그림에 나오는 그 앳된 조선 미인의 얼굴은 온데간데없고 웬 강남 성형미인의 얼굴이 들어와 있다. 처음에 이 그림을 보고 얼마나 웃었는지 모른다. 예술은 그 시대의 정신을 정확히 반영한다더니 이 그림이야말로 현대의 한국인들이 생각하는 미인의 모습을 제대로 표현했다. 지금 한국인들은 이런 천편일률적인 모습을 예쁜 얼굴이라 생각하

신윤복의 미인도

꼬치를 든 북촌의 현대 미인도

고 모두들 이에 맞추어 성형하고 있지 않은가? 그러나 나는 확신한다. 수십 년 지난 다음에 이 얼굴을 다시 보는 한국인들은 이 얼굴이 얼마나 촌스러웠는지 알 것이다.

물론 유행이라는 게 속성이 다 그런 것이라 시간이 지나면 다 촌스럽게 보일 터이니 이 그림만 가지고 뭐라고 할 것은 아니다. 이 그림은 지금의 유행을 반영하고 있을 뿐이다. 내가 문제 삼고 싶은 것은 현대 한국인의 미인관이다. 너무도 인위적이고 조작적이라 그렇다. 그래서 그 얼굴이 그 얼굴이다. 얼굴이 예쁘기는 한데 어떤 때는 사람 구별이 안 된다. 너무 비슷하게 고쳐놓아 그렇다. 그러나 시대의 유행이나 생각이 그렇게 흘러가는 것에 대해 내가 관여할 바는 아니다. 어떻든 이 그림은 그런 시대의 모습을 정확하게 보여주고 있어 귀중한 그림이라 하겠다.

더 재미있는 것은 이 절세(?)의 미인의 손에 꼬치가 들려 있는 것이다. 이것으로 보아 이 그림은 꼬치 가게에서 그린 것이라고 추정해볼 수 있겠다. 이전에 실제로 이곳에는 꼬치 가게가 있었다. 그게 한복집으로 바뀐 것이다. 길거리 그림은 이런 게 좋다. 자유롭게 코믹하게 표현할 수 있어 좋다는 것이다. 강남 성형 미인과 꼬치는 어울릴 듯하면서 안 어울리는 것 같다. 그런데 한편으로 걱정이 되는 것은 저런 명물 그림이 언제까지 저 자리에 있을 수 있느냐는 것이다. 가게가 또 바뀌면 새 주인이 아무 생각 없이 밀어버릴 수도 있는 일 아닌가? 그게 길거리 미술의 특징이기도 하지만 말이다. 어떻든 이 그림이 없어지기 전에 한 번 가서 보기 바란다.

여기서 더 내려오면 사거리 같지 않은 사거리가 나온다. 사거리인지 삼거리인지 헷갈리는데 건너편에는 재동초등학교가 있다. 이 사거리에 있는 맛집으로는 '마산해물아구찜'이라는 집이 있다. 꽤 역사가 있는 집인데 최근에는 수요미식회라는 TV 프로그램에서 다녀갔던 모양이다. 음식 맛이 괜찮았던 것으로 기억하는데 끼니 때에는 조금만 늦게 가면 줄을 서야 하니 바쁜 시간을 피해 가는 게 좋겠다.

이 라인에서 내가 진짜 소개하고 싶은 집은 안국역 사거리를 다 가야 나온다. 그런데 굳이 이 라인에서만 식당을 찾을 필요는 없다. 길을 건너가도 괜찮은 식당들이 있기 때문이다. 그쪽에 있는 식당들은 내가 이전 책인 『동북촌 이야기』에서 이미 소개했다. 환기하기 위해 잠깐 다시 소개한다면, 헌법재판소 건너편 먹자골목에 있는 '깡통만두' 집은 이 지역에서 가장 인기 있는 집이다. 그런데 저녁 시간에는 조금만 늦게 가면 기다려야 하니 어느 정도는 기다릴 각오를 하고 가야 한다. 그 집서 일단 밥을 먹고 2차를 가고 싶으면 헌법재판소 바로 건너편에 있는 '창덕치킨호

만수옥

프'를 추천했다. 그런데 이렇게 할 경우에 딜레마가 있다. 만두집에서 만두를 맘껏 먹고 또 튀긴 닭을 먹을 수는 없는 것 아닌가? 그러나 이 생맥주 집에는 다른 안주도 있으니 걱정할 것은 없겠다.

내가 지금 소개하고 싶은 집은 바로 만수옥이라는 설렁탕 전문집이다. 이 집은 1969년에 시작했다고 하니 올해(2019년)로 50년이 된 집이다. 이 근처에 이렇게 오래된 식당은 없을 뿐만 아니라 서울 시내에서도 이렇게 오래된 식당은 흔치 않다. 이 집의 주종목은 당연히 설렁탕인데 물론 맛이 상당히 괜찮다. 해장국도 있지만 나는 이 집에 가면 대부분 설렁탕을 먹는다. 어떤 식당에 처음 갔을 때 그 식당에 대해 잘 모른다면 무조건 메뉴판 제일 위에 있는 음식을 시켜 먹으면 된다. 그 음식이 그 식당의 대표 선수 같은 것이기 때문이다.

이 집의 경우도 마찬가지다. 설렁탕이 메뉴판의 꼭대기에 나온다. 그러나 그냥 식사가 아니고 술을 한 잔 하고 싶을 때에는 술국을 시키기도 하는데 이 음식은 먹으면서 식기 때문에 좀 꺼려진다. 그래서 나는 주머니 사정이 조금 넉넉하면 도가니 수육을 먹는데 이것도 '강추'다. 이 음식은 가스버너를 주기 때문에 먹는 동안 계속 데워서 먹을 수 있어 좋다. 그런데 이 집도 유명 식당답게 점심식사 때에는 12시에 맞춰 가면 자리가 없다. 따라서 점심 때 가서 먹고 싶으면 더 일찍이나 한참 늦게 가야 한다.

이 집에 가면 좋은 것이 우선 노인들이 많이 온다는 것이다. 식당을 고를 때 가장 안전한 방법은 노인들이 많이 가는 식당을 가는 것이다. 노인들은 오랜 기간을 살았기 때문에 입맛이 매우 까다롭다. 그들이 좋아하는 음식은 그들의 혀를 통과한 것이다. 그들이 맛을 인정한 것이라는 것이다. 쉽게 말해 좋은 음식임을 인증 받았다고 할 수 있겠다. 그래서 처음 간 지역에서 음식점을 고를 때에는 음식점 안을 힐끗 보고 노인이 몇 명이라도 있으면 무조건 들어간다. 그 다음으로 식당을 고르는 방법은 현지 주민들이 가는 식당을 찾으라는 것이다. 그 지역의 사정은 현지 주민들이 가장 잘 안다. 따라서 그들이 가는 식당은 거의 믿을 수 있다. 이런 두 조건이 충족되지 않을 때에는 마지막 수단이 있다. 손님이 많은 식당을 고르면 된다. 이 방법은 아주 간단한 방법이지만 별로 틀리는 적이 없는 꽤 좋은 방법이다.

그런데 이 식당은 이 두세 조건을 다 충족시킨다. 여기서 먹다보면 이 근처에 사는 것 같은 사람이 와서 음식을 포장해서 갖고 가는 것을 많이 발견할 수 있다. 또 이 식당의 주인이 손님들과 대화하는 모습도 자주 목격할 수 있다. 이것은 이 식당에 단골손님이 많다는 것이고 그런 사람 가운데에는 주민이 많다. 이 집에 가면 항상 만나는 분이 있다. 계산대에 어떤 할머니가 앉아 있는데 이 분은 이 가게를 초기에 이끈 분이다. 이 분이 주로 계산을 해주는데 내 경험에 따르면 식당에서 어떤 사람이 계산대에 앉아 있으면 그는 그 식당의 주인일 확률이 높다. 이 분은 나이가 많음에도 불구하고 정정하게 식당을 돌아다니며 진두지휘를 한다. 이 분에 따르면 현대그룹의 정 씨 가족들이 자주 이 식당에 왔는데 그때 그들이 오면 앉는 지정석도 있었다고 한다. 그 외에도 노무현 전 대통령이 국회의원 시절에 이 집에 왔었고 또 국회의장을 지냈던 정세균 씨와 같은 유명 정치인들도 이 집을 자주 찾았다고 한다. 이런 사람들이 온 집이라면 이 집의 진가를 알 수 있지 않을까 싶어 뒷이야기를 해 보았다.

그렇게 식사를 마치고 차 한 잔이라도 하고 싶으면 또 추천할 곳이 있다. 이 사거리 모퉁이에 브람스라는 이름의 다방이 있다. 이곳을 모르는 사람은 그냥 지나치겠지만 이 곳은 서울에 몇 남지 않은 서양 고전음악을 틀어주는 다방이다. 1970~1980년대만 해도 서울에는 서양 클래식을 틀어주는 다방이나 음악 감상실이 꽤 있었다. 이화여대만 해도 정문을 두고 양쪽에 이런 다방이 있었다. 그러던 것이 차츰 없어져서 이제는 역사가 있는 클래식 다방은 대학로의 학림과 신촌의 미네르바 정도밖에 남지 않았는데 이 브람스 다방이 바로 그런 유의 다방에 속한다.

이 집은 1985년에 브람스와 커피를 좋아하던 두 남녀가 처음으로 열었다고 한다. 지금은 세 번째 주인이 영업을 하고 있다고 하는데 역사가 30년이 넘는다. 그래서 그런지 들어가는 계단도 좁고 실내의 벽도 오래된 나무판자로 되어 있으며 바닥 역시 마루로 되어 있어 걸으면 소리가 난다. 탁자도 나무로 되어 있고 의자도 나름대로 고풍스럽다. 수십 년 전의 분위기가 물씬 난다. 이 집은 스타벅스나 커피 빈 같은 서양 커피집이 가기 싫을 때 오면 딱이다. 이

브람스 카페 앞

답사를 마무리하며

집에 오면 흡사 80년대로 돌아간 것 같으니 그런 분위기를 느껴 보고 싶으면 이 집에 오면 좋겠다는 생각이다.

이 글을 쓰다가 다시 한 번 이 집에 가보았는데 예스러운 분위기가 여전히 좋았다. 그런데 토요일 밤이었는데 뜻밖에도 사람이 꽤 있었다. 주말에는 이곳 시내가 한산해지는 법인데 이 다방에는 사람들이 꽤 있었던 것이다. 게다가 20대가 주류여서 또 조금 놀랐다. 이런 다방은 찻값이 싸지 않은데 젊은 친구들이 많아 놀란 것이다.

이것으로 이번 답사는 정말로 끝이다. 우리는 지하철역 바로 앞에 있으니 교통편을 금세 이용할 수 있다. 이번 코스는 그리 긴 것은 아니었다. 이곳서 우리가 오늘 답사를 시작한 1번 출입구는 바로 지척에 있다. 그런데 우리가 이 짧은 거리를 답사하는 동안 백 년 이상의 세월을 훑었다. 이 코스에서 가장 많이 알려진 곳은 윤보선 가옥과 백인제 가옥, 그리고 북촌한옥길 정도인데 그곳 말고도 중요한 곳이 꽤 있었다. 특히 윤치왕 가옥과 김형태 가옥 같은 곳은 지나치기 십상이다. 이렇게 북촌에는 그냥 지나칠 수 없는 집들이 많다. 만일 이에 대한 정보를 갖지 않고 이곳에 온다면 이런 핫스팟들이 눈에 띄지 않을 것이다. 그래서 그저 찻집에 가서 차나 마시고 식당에 가서 음식이나 먹고 돌아갈 것이다.

이 책이 중요한 것은 이것으로 북촌 답사가 끝나기 때문이다. 동북촌에 대해서 먼저 한 권의 책으로 냈고 서북촌에 대해서는 두 권의 책으로 내는 것으로 기나긴 북촌 답사가 끝난 것이다. 그러니까 북촌에 대한 책이 비록 작은 책이지만 3권이 되는 셈이다. 북촌에는 이렇게 이야기가 많다. 그래서 한 번에는 결코 다 볼 수 없다. 아무리 빨리 봐도 1시간은 걸린다. 그렇게 볼 경우 일정한 지역밖에는 보지 못하고 그 지역도 주마간산 식으로 볼 수밖에 없다. 그렇지 않고 샅샅이 보고 싶다면 두세 번은 와서 한 나절을 보낼 생각을 해야 한다. 나는 이곳에 내 개인 공간(한국문화중심)을 만들고 그 시간이 벌써 7년째 접어 들었지만 이 지역은 볼 때 마다 새롭다. 역사가 곳곳에 묻어 있어 전혀 싫증이 나지 않는다. 이제는 흡사 주민이 된 것 같은 느낌이다. 그런 입장에서 이 북촌 답사를 마무리하니 한량없이 기쁘다.

최준식 교수의 서울문화지

IV

서西 북촌 이야기

최준식 교수의
서울문화지 IV

서西 북촌
이야기

지은이 | 최준식

펴낸이 | 최병식

펴낸날 | 2019년 7월 25일

펴낸곳 | 주류성출판사

주소 | 서울특별시 서초구 강남대로 435(서초동 1305-5) 주류성빌딩 15층

전화 | 02-3481-1024(대표전화) 팩스 | 02-3482-0656

홈페이지 | www.juluesung.co.kr

값 12,000원

ISBN 978-89-6246-396-5 04980

ISBN 978-89-6246-344-6 04980(세트)